福娃成长系列丛书　总主编：王阔

祖海艳　主编

北京日报出版社

图书在版编目（CIP）数据

数学乐道 / 祖海艳编著 . -- 北京 : 北京日报出版社 , 2017.1

（福娃成长系列丛书）

ISBN 978-7-5477-2375-3

Ⅰ . ①数… Ⅱ . ①祖… Ⅲ . ①数学 – 少儿读物 Ⅳ . ① O1-49

中国版本图书馆 CIP 数据核字 (2016) 第 294357 号

数学乐道

出版发行：北京日报出版社

地　　址：北京市东城区东单三条 8-16 号东方广场东配楼四层

邮　　编：100005

电　　话：发行部：（010）65255876

总编室：（010）65252135

印　　刷：山东旺源印刷包装有限公司

经　　销：各地新华书店

版　　次：2017 年 1 月第 1 版

2020 年 1 月第 2 次印刷

开　　本：787 毫米 ×1092 毫米　1/16

印　　张：17

字　　数：216 千字

定　　价：49.00 元

《福娃成长系列丛书》编委会

序

教育的根本任务是“立德树人”，德是根，人是本，发展是关键。教育如何服务学生的全面发展，为学生的未来幸福奠基，是每一位教育工作者必须担当的责任。承担起这份责任，在每一个教育者心中牢牢扎根的是：人是发展的核心，人是幸福的主体，人是教育之根本。因为“心中有本”“心中有人”“心中有学生”，所以“因材施教”“以人为本”“个性发展”等育人观点在教育工作者中形成了广泛共识。这种“人本”或者“生本”的教育认识从不同的角度、不同的层面，理解和诠释着教育的初心和内涵。

以生为本的教育就是顺应教育发展的基本规律，遵循学生成长的科学规律，顺天致性，各美其美，美美与共，使每一名学生“成其所是”：是花朵，教育助其绽放；是胡杨，教育助其参天；是雄鹰，教育助其振翅。一句话，以生为本的教育就是用正确的思路，适合的方法，让每一名学生成为最好的自己。

在深化教育综合改革的历史背景下，作为教育工作者应该清醒地意识到：二次创业成为历史的选择，时代的选择。在创业中不断思考如何创办优质教育，不断顺应甚至引领时代发展的需求，在这样的过程中不断地成就学校，成就教师。我以为西辛小学教育集团的“顺性成格教育”，就是顺应孩子的天性和身心发展规律，顺应时代发展趋势和社会发展要求；致力于发扬每个人的个性，致力于发展每个人的社会性；让每个学生形成自己独特的风格，拥有与众不同的行事作风和观念。这是落实“以人为本”的一种行动实践和个性表达。中国人讲“修身、齐家、治国、平天下”，按照这样的逻辑，“顺性成格”就是立足学生发展，遵循教育规律、学生成长规律，整合社会资源，开发课程资源，发挥教师资源，创新渠道资源，搭建师生成长平台，拓展学生成长渠道，努力让每个人成为应该成为的人，做勇于担当的公民；努力让每个人成为可能成为的人，做具有优势的自己，助力每一名学生最美的绽放。

这套由西辛小学教育集团一线教师为学生编写的《福娃成长系列丛书》，是一套内容丰富、图文并茂、适合学生的“生本”教育资源读物。内容上体现了涵养做人品格，拥有美好的“品性”；修炼行为标准，具备良好的“能力”。体例上体现了“仁智和美”学生发展核心素养框架下的八种必备品格和八个关键能力。育人目标上体现了西辛小学要培养“会做人、会学习、会共处、会生活的现代公民”。从外在表现上，既有课程的延伸，也有知识的拓展；有德育的渗透，也有学科的整合；关注能力提高，关注素养提升。

文学是社会的家庭教师，阅读是寻找精神家园的旅行，每个人的成长都需要不断地指引和开拓，顿悟与回眸。这套丛书的编写，不仅仅是促进教师发展，服务学生成长的一个平台，不仅仅是探索课程改革，开发教育资源的一次尝试，更是引领学生精神成长，培育核心素养，奠基学生未来幸福的一次重要的创新实践。相信它会成为一个媒介，让每一个阅读者开启一段美好的旅程，在成长的田野中不期而遇、相伴相惜……

桃李不言，心系学生，胸有梦想，助力成长。以“生本教育”的旋律，和孩子一起成长；以“多元幸福”的视野，和孩子一起仰望星空。

谨以为序。以此表示我对《福娃成长系列丛书》编辑出版的祝贺。

刘克祥

（刘克祥现任北京市顺义区教育工委书记，教委主任）

目录 Contents

一年级篇

二年级篇

三年级篇

四年级篇

五年级篇

六年级篇

一 年 级 篇

课间“小老板”

小朋友们，现在你们都认识人民币了，想不想当个小老板？那就让我们一起来做个课间“小老板”吧，比一比，看谁最有经济头脑，能把自己的生意做得红红火火。

【游戏说明】

这个游戏是让小朋友们课间体验做“小老板”，你们可以在小伙伴之间，卖家里闲置不用的小商品，来巩固对元、角、分的认识，并通过此次实践活动锻炼和提高大家自我管理能力、沟通表达能力和组织能力，初步培养你们的经济意识、理财意识、商品意识。

【游戏内容】

这个游戏是在学习了元角分之后，在课间玩的一个义卖游戏。小朋友们可以把家里闲置不用的东西拿到学校，利用课间进行义卖。小商贩可以把课桌当柜台，大商贩可以把楼道、操场、走廊当摊位，可以是个人独自经营，也可以是几个人合作经营。先给每个商品定出合理的价格，并在商品上贴上价签，然后利用课间进行义卖。每天放学前进行盘点，作好义卖情况统计记录，回家后调整第二天要卖的商品以便后续的义卖顺利进行。班内设有班级小银行，我们可以在指定时间到银行兑换零钱、存钱、取钱等。一周后，班内评选“义卖榜最红商家”，看看一周下来，谁的生意经营得最好，客户满意指数高，你们可以为他进行颁奖，学期末大家还可以将义卖赚到的钱进行合理支配，如为班级购书、购买班级日常用品、为灾区捐款、帮助身边有困难的小伙伴等有益的后续活动。

______同学义卖情况统计表

已卖商品	价格	合计	调整商品	价格	合计

【知识链接】

课间“小老板”游戏，是与一年级下学期北京版教材数学第二册《元角分》的知识点对应的一个小游戏。开展此实践游戏活动，不仅可以巩固小朋友对元角分的认识，元角分之间的单位换算，元角分的加、减法计算。通过这个游戏增加大家的实践活动经验，培养孩子们解决实际问题的能力，激活孩子们爱心意识。

【趣味拓展】

小朋友们，通过上面的活动相信你们一定积累了很多买卖活动的经验，那你能运用你获得的经验来完成下面的闯关游戏吗？相信你一定可以的，加油！

1. 换钱

第一关：

一张 1 元可以换（　　）张 1 角

一张 1 元可以换（　　）张 2 角

一张 1 元可以换（　　）张 5 角

第二关：

一张 2 元可以换（　　）张 1 角

一张 2 元可以换（　　）张 2 角

（　　）张 1 角可以换 1 张 5 元

第三关：

一张 1 元可以换（　　）张 1 角和（　　）张 2 角

一张 2 元可以换（　　）张 2 角和（　　）张 5 角

注：第三关有很多种换法，在换钱的过程中培养小朋友的发散思维。

2. 实际问题：妈妈有人民币 100 张，面额分别为两角、两元和五元，总价值 104 元，可是妈妈的这些钱放在家里了，妈妈在外边，你能帮妈妈推算出各种面额的人民币各多少张吗？

执笔人：祖海艳

抽牌组数

生活中大家都玩过纸牌吧，今天我们就利用纸牌来玩个游戏，抽牌组数比大小，这个游戏拼的不仅是手气，而且还需要你们利用学过的知识进行智慧思考才能赢得胜利，那就让我们一起来看看谁能成为这个游戏中的牌王。

【游戏说明】

通过这个游戏活动，巩固 100 以内两个数大小比较的方法，在游戏中复习比较大小的方法，在抽牌比较中渗透比较的策略，培养小朋友在尝试中总结策略，提高运用所学知识，灵活解决问题的能力。通过游戏提高小朋友学习数学的兴趣，渗透概率和相对性等知识点。

【游戏内容】

游戏前的准备：

1. 游戏之前双方先回顾了百以内数比较大小的方法：

位数不同：位数多的大，三位数 > 两位数 > 一位数；

位数相同：从高位比起（十位比起）。

2. 每组准备 0—9 数字卡片共两套，打乱顺序。

3. 每组准备两张数位表，（如下图）每人一张。

十位	个位

活动 1

两个小朋友一组，每人每次抽一张，抽到的数自己决定放在哪个数位上。在再抽下一个数之前，可以根据对方的结果进行调整。哪位小朋友组成的数大，哪位小朋友就赢。

举例：

第一次抽牌：

小朋友 1：抽到一张数字 4（他决定放在个位上）；

十位	个位
	4

小朋友 2：抽到一张数字 8（他决定放在十位上）；

十位	个位
8	

第二次抽牌：

小朋友 1：抽到一张数字 8（他放在了十位上）；

十位	个位
8	4

小朋友 2：抽到一张数字 3（他放在了个位上）；

十位	个位
8	3

结果：小朋友 1 的 84 > 小朋友 2 的 83，所以这局小朋友 1 赢。

活动 2

同上一个活动类似，还是两个小朋友一组，每人每次抽一张，抽到的数自己决定放在哪个数位上。再抽下一个数之前，可以根据对方的结果进行调整。这次哪位小朋友组成的数小，哪位小朋友就赢。

注：如果第二次抽到 0 了，怎么办？（算为一位数）

游戏后的策略总结：

（1）怎样才能赢呢？（抽到大数的时候放在十位，抽到小一点的数时放在个位。）

（2）如果对方运气特别好，抽到了 9 直接放到了十位上，你是不是一定就输了？（不一定，还有机会，只不过这样的机会较小）

【知识链接】

这个游戏是小朋友们学习了北京版教材数学第二册《百以内数大小比较》之后的一款游戏，运用课上总结的百以内数大小比较的方法和策略进行有趣的游戏，目的是强化知识，提升能力，培养兴趣。

【趣味拓展】

小朋友们，实战游戏过后咱们来挑战一下纸上游戏吧，请你独立来挑战，每挑战成功一题就过一关，你要攻破九关才能取得最后的胜利，加油哦！

1. 在□里填上适当的数。

46 > 4□　　30 < 3□　　66 < □1　　8□ > 86

1□ < 12　　□7 < 72　　76 < □ < 78　　25 > □ > 15

2. 你能按要求给这些数字朋友排排吗？

10　45　66　35　75　60　82

从大到小排一排：________________________。

执笔人：祖海艳

石头剪刀布

大家都知道吗，石头剪子布，又称“猜丁壳”。是一种流传多年的猜拳游戏。起源于中国，然后传到日本、朝鲜等地，随着亚欧贸易的不断发展又传到了欧洲，到了近现代逐渐风靡世界。今天，我就教大家把这个游戏运用到我们的数学活动中。

【游戏说明】

两个玩家先各自握紧拳头，然后其中一人或者两人一起共同念出口令，在说最后一个音节的同时，两个玩家出示自己心中想好的手势（“石头”、“剪子”或“布”）。石头：握紧的拳头。剪子：或称“剪刀”，中指和食指伸直，其余手指握紧。布：五指伸直，张开手掌。手心向下，或向上，或竖直（拇指向上）。每一个手势代表一个“武器”，互相克制的原则是：剪子剪不动石头（石头胜利）；布被剪子剪开（剪子胜利）；石头被布包裹（布胜利）。如果双方出示了同样的手势，就是平局。活

动前先准备各色雪花片若干筐（分放在活动室各处）；两块泡沫垫子。在石头剪刀布的游戏中，通过点数感知 10 以内雪花片数量的变化，增强小朋友的数感，建立一一对应的思想，培养小朋友观察事物的能力，培养合作意识。

【游戏内容】

把小朋友们分成两大组玩游戏，理解规则、体验数量变化。每组分别拿取 6 张同色的雪花片。两组小朋友轮流上前两两相对进行“石头剪刀布”；赢的一组可以拿走对方的若干张雪花片；每个小朋友都轮到过后，雪花片数量多的那一组获胜。

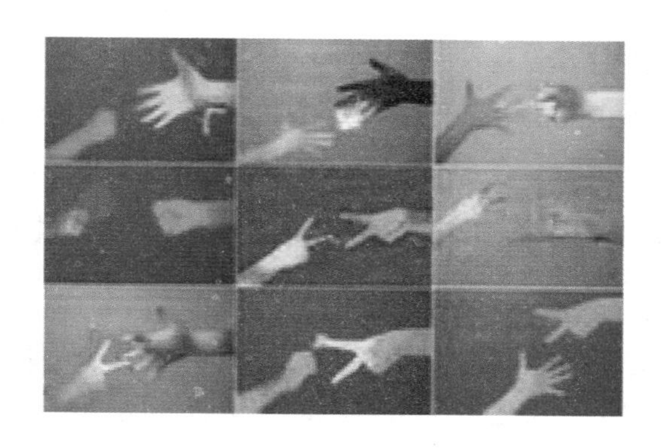

活动 1

尝试对垒游戏：

第一次游戏：每次输赢 1 张雪花片；

主要提问：

——现在每组都有几张雪花片？一样多吗？

——蓝队赢来了 1 张雪花片，变成了多少片？

——黑队被拿走了 1 张雪花片，还剩多少片？

——现在哪种颜色雪花片多？多几片？你怎么知道的？

——哪一组赢得比赛？

活动 2

第二次游戏：改变规则

——每组 7 张雪花片开始；

——每次输赢 2 张雪花片。

活动 3

延伸游戏： 两人小组玩游戏

——小朋友们自由结合，两人一组，每人 5 张雪花片，颜色可以自己定；

——每次赢的数量可以自定；

——以 1 分钟为限，时间一到，就点数决胜负。

巡回观察提问：

——你赢到了几张雪花片？（你的雪花片比原来的 5 张多了几张？）

——你输掉了几张雪花片？（你的雪花片比原来的 5 张少了几张？）

在这个游戏中，通过石头剪刀布的猜拳，输赢的结果来吸引孩子的兴趣。游戏规则是以雪花片的数量增减指向数概念。让小朋友在具体的游戏情境中，理解 10 以内数的集合变化。

【知识链接】

这个游戏是与北京版教材数学第一册中 10 以内数的认识、10 以内数的分与合相对应的游戏，孩子们通过游戏可以强化 10 以内数的组成，增加趣味性，使你们爱上游戏的数学课堂。

【趣味拓展】

1. 再画几个就是 10? 画一画。

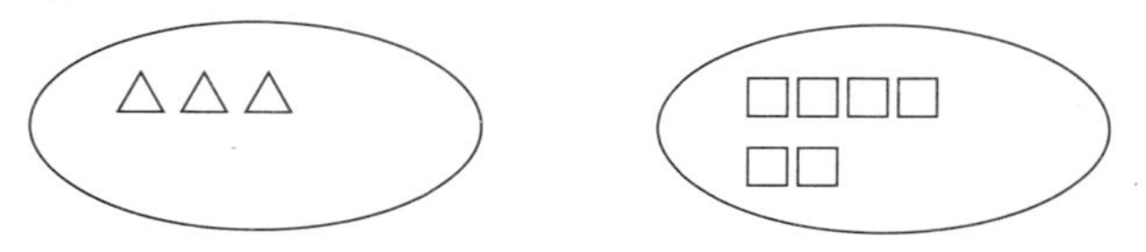

2. 先找规律，再有序地填一填。

执笔人：祖海艳

猜数游戏

小朋友们，玩过猜数游戏吗？这可不只是简单地随便猜哟，还要运用我们学过的“大、小、大一些、大得多、小一些、小得多”等数学语言。比一比，看谁能用最少的问题，猜到最终的答案！

【游戏说明】

通过猜数游戏，积累比较数的大小的经验，初步感受逐步逼近的数学思想，发展初步的推理能力和数感，在参与活动中培养小朋友的倾听能力和竞争力。

【游戏内容】

在猜数游戏中，小朋友们用数学语言向小老师提问，小老师只可以用 yes 或 no 来回答小朋友猜的结果，直至猜对，回答 yes 为止。

游戏的目的在于让小朋友们体会如何通过最少次数的提问，得到最终答案。

活动 1　直接猜数

猜数游戏有很多种，直接猜数是排除的过程，小朋友们起初很愿意用这种方法。

举例：

让一位小朋友把数写在一块小黑板上，然后扣起来，让大家来猜写的是什么。

小老师：我有一个两位数，请大家猜一猜是几。

小朋友 1：是 38 吗？

小老师：no.

小朋友 2：是 76 吗？

小老师：no.

……

如果是这样的猜数，做几次后就会发现，这样猜中的机会很大成分靠运气。运气最差的会猜 100 次！如何能让我们猜的次数尽可能少呢？先确定范围很重要！

活动 2　比大、小　找一找

随着数目的增多，小朋友用直接猜数法一个一个排除，会觉得比较慢。这时需要你们用所学的比大小的知识进行排除，这样会一下子排除一大块。

举例：

小老师：我写好了一个数，请大家猜一猜。

小朋友 1：是比 20 大吗？

小老师：yes.

小朋友 2：是比 70 小吗？

小老师：yes.

小朋友 1：是 40 吗？

小老师：no.

……

小朋友有了确定范围的意识，但还是急于得到最终答案，过早地猜具体数。你们可以用直接从一半入手的方法，也可以通过比某一个数大比另一个数小来圈定范围。

【知识链接】

这个小游戏与你们教材中数的大小比较是对应的，在学习了数的大小比较后，课上或课下玩这个游戏，可以巩固数的大小比较，增强你们的数感，培养你们的推理、倾听能力。

【趣味拓展】

猜猜我是谁？

74 67 13 54 48 62 80

（1）我是一个双数。

（2）我比 16 大得多，比 80 小一些。

（3）我十位上的数比个位上的数大，数字之和是 8。

答案：你猜对了吗？我就是专吃害虫、保护庄稼的小青蛙。

执笔人：万家如

找朋友

凑十歌：“小朋友，拍拍手，大家来唱凑十歌：一凑九，二凑八，三凑七，四凑六，两五相凑就满十。”九和一，八和二。七三、六四也好凑，两数相凑都是十。小朋友们，你们喜欢这首儿歌吗？今天我们就利用这首儿歌来玩一个给数字找朋友的游戏。

【游戏说明】

通过找朋友这个游戏培养你们认真倾听、积极思考、与人合作的能力，通过游戏强化数数能力，知道数的大小，在游戏中熟练掌握数的组成，培养数感，以便更好地计算10以内数的加减法，解决生活中的实际问题。熟练掌握10以内数的分解组合，可以大大提高大家的计算速度和准确率。可以让你们与同伴、与家长一起玩一玩找朋友的游戏，在玩中加深了记忆，增进了情感。

【游戏内容】

活动1 拍一拍

你们在玩拍手游戏时，要做好准备，并且要专注。先定好总数，一方先拍几下，另一方呼应余下的次数。利用拍手游戏可训练你们的专注度，在玩中学会倾听，学会思考，做出正确的反应，增加数的组成的熟练度，增强数感。

举例：

小朋友共同商定好要拍的总数。如总数为5。当第一个小朋友说“预备”，全体小朋友同时做好准备姿势。

小朋友1先拍手：× ×

其他小朋友回应：× × ×

大家拍手声音要齐，如有错的声音要及时改正，想一想2和几组成5，熟练记忆。

活动2 对一对

对口令的游戏需要小朋友能够熟练掌握数的分解组成。以“我说你说”为主要游戏环节。

举例：

小朋友们共同商定好总数。如总数为7。

第一个小朋友说：4。

第二个小朋友答：3。

这个游戏已经没有了数的过程，需要利用组成快速回答，训练你们记忆数的组成的能力。

活动3 打手势

小朋友们需要能用手势表示1–10各数。

举例：

大家共同商定好总数。如总数为10。

第一个小朋友说：我出3。

第二个小朋友说：我出7。

游戏环节同上。

这个游戏的难度又高于“对口令”，你们在头脑中要迅速想组成，还要用相应的手势表示出来。眼、耳、脑、手、口等多种感官并用，很好地训练了大家的协调能力。

活动4 翻牌

两人一组，每人准备1–9的数字卡片各1套。如需要凑和是几，只需要拿出比和小的几张即可。

准备：卡片扣在桌上。

过程：

甲先翻一张，双方看清是几，乙再翻一张，谁先说出两张卡片上两数之和，谁为胜，此张卡片就归谁。

举例：

甲：翻出自己的卡片为6。

乙：翻出自己的卡片为4。

甲、乙共同抢答：6和4组成10。谁抢答对牌就归谁。假如乙抢答正确甲的6号牌就归乙。

甲的牌：12345 789。

乙的牌：1234567896。

这个游戏既训练大家对10的组成的掌握熟练度，又在游戏过程考察和培养了你们的记忆力。

【知识链接】

这个游戏与北京版教材数学第一册中的数的组成相对应，在古代，人们用在地上放石头或在绳子上打结的方法来记数，通过这个游戏加深小朋友们对数的组成的记忆，激发学习的兴趣。

【趣味拓展】

1. 从1–10这10个数字中找一找哪些数字能分成同样多的两部分？

（答案：2可以分成1和1;

4可以分成2和2;

6可以分成3和3;

8可以分成4和4;

10可以分成5和5。）

2. 从1–10这10个数字中找一找哪些数字能分成同样多的三部分？

（答案：有上一题的基础可以反向思考，3个1是3，3个2是6，3个3是9)

3. 请你把6分成三部分，这三部分是连续的3个数。

（答案：6分成相同的三部分是2、2、2，利用移多补少把第一部分拿出一个给第三部分，第一部分剩1，第三部分是3。）

执笔人：田桂敏

数学游戏（掷色子）

小朋友们，色子我们在生活中都见过吧？色子还可以出现在我们的数学活动中，让数学变得生动有趣起来，你们愿意和我一起玩这个有关掷色子的游戏吗？

【游戏说明】

通过掷色子游戏，熟练掌握 20 以内连加的计算，在活动中培养大家的计算兴趣，提高你们的口算能力、观察能力和竞争力。

【游戏内容】

在掷色子游戏中，小朋友们以小组为单位，人手一个色子，当听到小组长发出掷色子的口令后，组内小朋友同时抛出手中的色子，当色子落地后，看谁最先算出各个色子朝上的数字之和，算得最快者即为获胜。

游戏的目的在于让小朋友们熟悉掌握 20 以内连加的计算，为后续的计算打下坚实的基础。

活动 1　两人一组　游戏抢答

掷色子游戏有很多种玩法，两人一组是最简单的游戏，它也是三人一组或四人一组游戏时的基础。

举例：

两人中，有一人负责发出掷色子的口令，然后两人同时抛出手中的色子，并迅速计算落地后两个色子朝上面的数字之和：

小朋友 1：色子落地后，朝上的一面数字是 3。

小朋友 2：色子落地后，朝上的一面数字是 5。

那么游戏的最终结果是：（3+5=8）谁先说出正确答案“8”，谁为获胜方。

两人一组掷色子的游戏，大家可以先复习一下 20 以内简单的加法，活跃一下思维，为后续三人一组（连加）做好准备。

活动 2 三人一组，游戏抢答

三人一组游戏，目的是让小朋友掌握 3 个数连加的计算。这需要有两个数相加为基础，相对于两人一组游戏来说，难度系数增加了，也使得游戏更具挑战性。举例：

小组长发出掷色子的口令后，大家同时掷出手中的色子：

小朋友 1：色子落地后朝上一面数字是 4。

小朋友 2：色子落地后朝上一面数字是 3。

小朋友 3：色子落地后朝上一面数字是 6。

看谁最快算出朝上的三个数字之和 13（4+6+3=13），算得最快者即为获胜。

当计算三个数连加的时候，有的小朋友比较着急去计算，而忽略了观察数字特点，采用简便方法计算。这里还需要教师稍加引导，从而使小朋友能够做到先观察数字特点再选择简便方法进行计算，使计算变得又快又准确。

【知识链接】

这个小游戏与教材中 20 以内连加的知识点是对应的，你们在学习了 20 以内的连加后，可以在课上或课下玩这个游戏，巩固 20 以内连加的计算，提高你们的口算能力，培养你们观察和竞争能力。

【趣味拓展】

四人一组进行游戏，挑战和可能突破 20 的 4 个数连加计算，训练思维的灵活性与敏捷性。

执笔人：吴立红

趣味数数

小朋友们都会数数吧？但是在这个游戏中，可不仅仅是简单地数数哦，它需要我们的计算能力和一些数数的技巧，这样才可以在游戏中取得胜利！快来试试吧！

【游戏说明】

通过趣味数数游戏，复习巩固百以内的加法，让小朋友们能够快速准确地计算。在参与活动中培养大家的倾听能力、计算能力和反应能力。

【游戏内容】

两人一组，轮流说出 1–10 中任意一个数字，再把这些数一个接一个地加上去，谁先说到 100 就谁就获得了胜利。

举例：

第一个人先说了 3，第二个人说了 8，得到 11；随后第一个人说 5，得到 16；第二个人说 9，得到 25……谁最后说到 100 谁就获得了这场游戏的胜利。

想获得胜利也是有窍门的！要想最后取得胜利，在这之前，你一定要说到 89，因为你说到 89 后，无论对方说什么数，你都能说到 100 了。（想想看，因为需要说出的数最大是 10，而 89 要凑成 100 需要的是 11，对方说的数必须小于 11，所以就把最终取胜的机会留给了你！）你要想说到 89，也是需要前面先说到 78、67 等一串神秘数字。

你们发现这一串数字是怎么来的了吗？从 100 里面连续减去 11，即可得到这一串神秘的取胜数字，随我一起快来认识下它们吧：89、78、67、56、45、34、23、12、1 。

这些数字可是游戏取胜的法宝哦！它们也很有特点，仔细观察，你发现了吗？（在这八个两位数中，十位数都比个位数小 1）希望你们牢记并利用好这些数字，谁先开始说，谁就可以在游戏中处于不败之地了！

【知识链接】

这个小游戏与教材中百以内的加法知识点是对应的，你们在学习了百以内的加法后，可以在课上或课下玩这个游戏，巩固百以内加法的计算，提高你们的计算能力，培养你们的倾听和反应能力。

【趣味拓展】

快速说对子，让两个数的和是 100。

45　　38　　79　　64　　97

要想说得快又对，你发现什么窍门了吗？

执笔人：吴立红

一毛五

小朋友们，人民币是我们生活中很常见的一种货币，我们每天都在和它打交道。今天这个小游戏就和人民币有关系，我们一起来玩一玩吧！

【游戏说明】

通过一毛五的游戏，进一步熟悉和感知人民币单位及不同数额人民币的组成方式，在参与活动中培养倾听能力和反应能力。

【游戏内容】

在一毛五游戏中，你们七八个或是十来个人一组围成一圈站立，男女生皆有，并且规定：一个男生面值为五分，一个女生面值为一角。然后，小老师随意说出一个面值，同学们按照要求快速集结在一起，

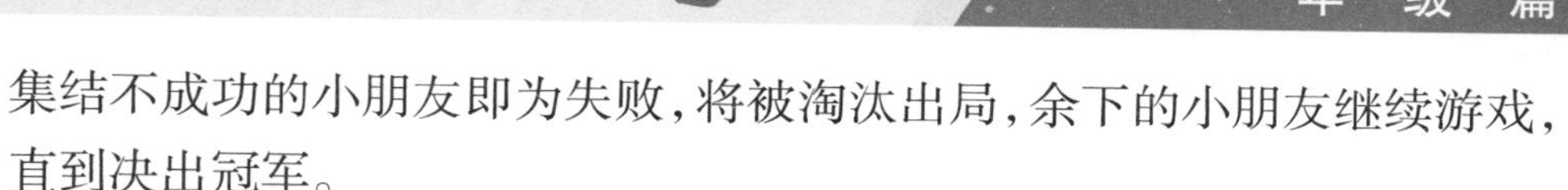

集结不成功的小朋友即为失败，将被淘汰出局，余下的小朋友继续游戏，直到决出冠军。

游戏的目的在于让学生体会不同面值的人民币的多种组合，在游戏中掌握人民币的拆分和组合，从而达到灵活运用人民币的目的。

举例：

十名小朋友围成一圈（6 男 4 女），小老师喊出一毛五的口令后，这 10 个小朋友迅速集结成组，一男一女结合一组（一毛五），可以结成这样的 4 组，余下的两名男生无法再按要求结成小组，他们就将被淘汰；或是 3 个男生结为一组（一毛五），余下的再一男一女结合成三组，这样将会有一个女生无法结成组，她将被淘汰出局。剩下的同学继续下一组游戏……直到选出最后的冠军组合。

【知识链接】

这个小游戏与你们所学的教材中对人民币的认识是对应的，在学习了人民币的认识后，你们可以在课上或课下玩这个游戏，熟悉人民币的单位，巩固人民币的组成，培养你们倾听和反应能力。

【趣味拓展】

一支钢笔 2.5 元，小明手里有一个五元、两个 1 元、4 个五角和 5 个一角，他可以怎样付钱？一共有几种方式？

执笔人：吴立红

“我是小小邮递员”

小朋友们，你们收到过快递吗？快递员为什么能够准确地把货物送到客人家里？（按照地址准确送达），我们学习了位置与顺序后，一起来当邮递员，愿意一起玩吗？

【游戏说明】

在学习位置与顺序后，你们在纸卡上写出或标出自己的位置，其中一个小朋友收集上来再分发给小朋友，你们拿到邮件卡片后，以组为单位去送信，最先送完用时最短的小组加☆奖励。通过我是小小邮递员体验游戏，可加深你们对位置与顺序的理解，进一步掌握序数的概念，培养你们按一定的顺序观察、描述事物的习惯与应用意识。

【游戏内容】

一、准备活动：在纸卡上写出自己的位置，以小组为单位，完善自己的位置（轮流说自己写的位置，其他几人判断，说对 1 条位置，举手表决一致通过加 1 颗☆，若有分歧，再商定指正。在汇报环节中帮助队友想出一条正确的位置或纠正一条也可加 1 颗☆）。

如：

后

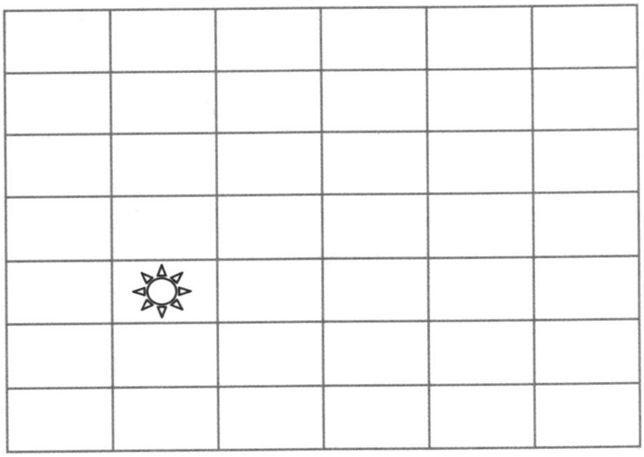

右

左

前

我在从前数，第 3 排，从右数第 2 个；
我在从前数，第 3 排，从左数第 5 个；
我在从前数，第 3 排，我的右边有 1 人，我的左边有 4 人；
我在从后数，第 5 排，从右数第 2 个；
我在从后数，第 5 排，从左数第 5 个；
我在从后数，第 5 排，我的右边有 1 人，我的左边有 4 人；
我在从右数，第 2 列，从前数第 3 个；
我在从右数，第 2 列，从后数第 5 个；
我在从右数，第 2 列，我的前面有 2 个人，我的后面有 4 个人；
我在从左数，第 5 列，从前数第 3 个；
我在从左数，第 5 列，从后数第 5 个；
我在从左数，第 5 列，我的前面有 2 个人，我的后面有 4 个人；
……

小组记录单：

组员 次数				
1				
2				
3				
4				
5				
合计	（ ）颗☆	（ ）颗☆	（ ）颗☆	（ ）颗☆

你想夸夸谁？

（　　）的位置与顺序感觉最棒！

（　　）的判断最快最准确！

二、热身活动：小组几个人一起玩

1. 一人记录，一人发卡， 一人喊口令 (组员可轮流当一次)。

2. 将所有的卡纸翻过来打乱顺序后（类似玩扑克洗牌），每人发一张牌。

3. 听口令“1、2、3”同时拿起面前的卡，迅速判断是谁的邮件，马上放到谁的面前，第一反应最快最准确的人可以获得 3 颗☆，第二获得 2 颗☆，第三获得 1 颗☆。

小组记录单：

组员 次数				
1				
2				
3				
4				
5				
合计	（ ）颗☆	（ ）颗☆	（ ）颗☆	（ ）颗☆

你想夸夸谁?

我们组的最佳邮递员是（ ）。

三、小试身手：

1. 请各组派出最佳邮递员，代表本组参加“（ ）年级（ ）班邮递员职业技能大赛”。

2. 各组选手从收集的全员卡片中，每人抽取 3 张邮件卡；

3. 听口令“1、2、3”（小朋友们一起喊口令），选手们听到口令同时看卡，迅速判断，将邮件卡送到本人手中，然后按先后顺序站到老师处等候评判。

4. 由收到邮件的人来当裁判。

（1）邮件卡送达准确，按用时长短排序。

（2）相同时间，按邮件卡送达准确率排序。

（3）颁奖：（荣誉可自定）

冠军获得 5 颗☆，同时给本组每人加 3 颗☆；

亚军获得 3 颗☆，同时给本组每人加 2 颗☆；

季军获得 1 颗☆，同时给本组每人加 1 颗☆。

5. 我来挑战：

可由下面的小朋友自愿报名，同冠军一起再来玩一次游戏。

四、全体总动员活动：（可以在课下和小朋友一起玩）

将邮递卡在下课的时候发给每个小朋友（每人 2–3 张），小朋友们根据自己的想象可以在卡片下附加自己制作的贺卡、图画、想说的话等，并附上自己的位置。有可能在下一个课间你会收到回信哦！（邮递卡可以由各组组长及时收回，以便下次再玩）

【知识链接】

这个邮递体验小游戏与一年级数学教材中《位置与顺序》的知识点是相对应的，在学习位置与顺序时，你们可以在课上或课下玩这个游戏，在游戏活动中不仅能使你们进一步掌握序数的概念，还能培养按一定的顺序观察、描述事物的习惯与应用意识。

【趣味拓展】

1. 涂一涂，圈一圈。

（1）数一数，一共有（　　）只。

（2）从右往左数，将第 5 只涂上颜色。从右往左数，把第 6 只圈起来。

（3）看一看，涂色的左边有（　　）只，右边有（　　）只。

2.

（1）女孩说：“我的包在第 2 排第 4 个。”请把她的包 圈出来。

（2）说一说，你的包放在第（　　）排第（　　）个，画“v”。

3. ◇ △ □ ★ ○ ☆ ◎ ▼

（1）上面一共有（　　）个图形。★的左边是（　　），右边是（　　）。

（2）从左数第（　　）个是☆，从右数第（　　）个是☆。

（3）○的左边有（　　）个图形，右边有（　　）个图形。

（4）★与▼之间有（　　）个图形。

（5）□的左边是（　　），右边是（　　）。

（6）△在□的（　　）边，◎在○的（　　）边。

4. 看座位表填一填：

				小丹	我是第5组第5个
			小阳		
		小红			
我是第1组第2个	小美				

讲台

（1）小红是第（　　）组第（　　）个。

小阳是第（　　）组第（　　）个。

（2）小阳前面的同学是第（　　）组第（　　）个。

小红后面的同学是第（　　）组第（　　）个。

（3）小红右边的同学是第（　　）组第（　　）个。

小阳左边的同学是第（　　）组第（　　）个。

5. 数的顺序：

《百数图》

1	2	3	4	5	6	7	8	**9**	**10**
11	12	13	14	15	16	17	18	19	20
21	22	23	24	25	26	27	28	29	30
31	32	**33**	**34**	**35**	36	37	38	39	40
41	42	43	44	45	46	47	48	49	50
51	**52**	53	53	55	56	57	58	59	60
61	62	63	64	65	66	67	68	69	70
71	72	73	74	75	76	77	78	79	80
81	82	83	84	85	86	87	88	89	90
91	92	93	94	95	96	97	98	**99**	**100**

举例：

（1）以 33 34 35 为例：

① 和 34 相邻的两个数是 33 和 35；33 和 35 中间的数是 34。

② 比 34 少 1 的数是 33，比 34 多 1 的数是 35。

③ 34 前面的数是 33，后面的数是 35；

④ 35 比 34 多 1，33 比 34 少 1。

（2）以52为例：

①52前面的五个数是：51、50、49、48、47；

后面的五个数是：53、54、55、56、57。

②52前面的第五个数是：47；后面的第五个数是：57。

6. 动脑筋：

（1）从前往后数，玲玲排第7；从后往前数，玲玲排第3。队伍中共有多少个小朋友？

（2）小明家住在小花家的楼上，小刚家住在小红家的楼上却在小花家的楼下。在小明、小刚、小花、小红4人中，住在最上面的是（　　），住在最下面的是（　　）。

（3）……，从左往右数，是第10只；从右往左数，是第8只。想一想：这排小动物一共有几只？排在左数第几只？

执笔人：王妍

“纸牌拼数大PK”游戏

小朋友们，你们学习了100以内数的认识，今天咱们来个纸牌拼数大PK如何？

【游戏说明】

每人准备一套0–9数字卡和一张计数数位卡。游戏时，每人从混合的数字卡片中抽取一张，按要求放在相应的数位上，然后比较其大小。游戏分为三轮，每轮玩三次。通过这个游戏，体会到同一个数字在不同的数位上代表不同的含义，进一步理解位值制的意义。

【游戏内容】

第一轮：

1. 抽第一张卡片放在十位，第二张放在个位。
2. 比较两人得到的数，谁大谁将获胜。
3. 你发现了什么规律？

（两位数比较大小，看十位上的数，十位上的数大这个数就大；十位上的数相同，看个位，个位上的数大这个数就大）

第二轮：

1. 第一张放在个位，第二张放在十位。
2. 比较两人得到的数，谁大谁将获胜。
3. 你发现了什么规律？

（两位数比较大小，看十位上的数，十位上的数大这个数就大；十位上的数相同，看个位，个位上的数大这个数就大）

第三轮：

1. 各自抽卡片，放在自己想放的数位上。
2. 比较两人得到的数，谁大谁将获胜。
3. 你发现了什么规律？

（两位数比较大小，看十位上的数，十位上的数大这个数就大；十位上的数相同，看个位，个位上的数大这个数就大）

十位	个位

十位	个位

第 1 人	符号	第 2 人	奖励（1 或 2）

【知识链接】

这个游戏可与学习数的认知相对应。通过游戏活动可以帮助小朋友们体会同一个数字在不同的数位上代表不同的含义，进一步理解位值制的意义。

比较数的大小：从最高位看起，如果最高数位上的数大，这个数就大；如果最高数位上的数相同，就看下一位上的数，下一位上的数大，这个数就大。

【趣味拓展】

转盘游戏

活动准备：

（1）个标有 0–9 数字的均匀的转盘。

（2）每人 1 个含有 3 个（或 4 个）空格的卡片。

活动规则：

1. 与同桌轮流转动转盘，每一次转盘停止后，每个人分别将转出的数字写在自己卡片的任意一个空格处，写过后不能更改。

2. 转动 3 次（或 4 次）盘后，两个人的卡片上所有的空格都已填满，都得到一个三位数（或四位数）。

3. 比较两人得到的数，谁大谁将获胜。

（可以通过多次做这个游戏初步感受事物发生的确定性和不确定性。如转出 9 时，大家都会将它放在百位，但如果转出 7 呢？有的同学可能会冒险不将它放在最高位，而希望下次转出比 7 更大的数，但多次游戏后，你将体会到转出 8、9 的可能性比转出 6、5、4、3、2、1、0 的可能性要小得多）

此游戏也可拓展为多位数的比较。

执笔人：王妍

一把抓

小朋友们，今天我带来一个新游戏想和你们分享，你们愿意倾听吗？下面我就讲一下“一把抓”游戏的规则。

【游戏说明】

在认识10以内的数后，选用五子棋，2个人各选一色随机抓出一把，摆一摆、数一数、填一填、说一说。通过“一把抓”游戏，帮助学生掌握10以内数的顺序和大小，巩固序数的概念。

【游戏内容】

1. 两人一组，每人各抓一把棋子，在桌子上摆一摆、数一数，比较一把抓的个数多少。（轮流做好记录）

第1人	符号	第2人

2. 说一说：

（1）几比几多几？几比几少几？

（2）多的人给少的人几个棋子，两人同样多？（分一分、摆一摆、说一说）

如：

第 1 人	符号	第 2 人
8	>	4
5	<	9
7	=	7
5	<	6
……	……	……

（ 8 ）比（ 4 ）多（ 4 ）；
（ 4 ）比（ 8 ）少（ 4 ）；
（ 8 ）给（ 4 ），（ 2 ）个，两人同样多。

（ 9 ）比（ 5 ）多（ 4 ）；
（ 5 ）比（ 9 ）少（ 4 ）；
（ 9 ）给（ 5 ），（ 2 ）个，两人同样多。

（ 7 ）和（ 7 ）同样多；

（ 5 ）比（ 6 ）少（ 1 ）
（ 6 ）比（ 5 ）多（ 1 ）个，无法再平分。

【知识链接】

这个“一把抓”游戏与一年级数学《认识 10 以内的数》的知识相对应。通过抓一抓、摆一摆，数一数、填一填、说一说等环节，帮助小朋友掌握 10 以内数的顺序和大小，巩固序数的概念。同时也渗透了一些一一对应的思想。通过移多补少来分一分，为平均分、有余数除法作了很好的铺垫。

两行相差个数（即相差的一定是双数或和一定是双数）÷2 = 每次移动的个数（或两行相差个数再次平均分 = 每次移动的个数）

【趣味拓展】

1. 在○下画△，使△比○多 2 个。

○ ○ ○ ○

2. 把下面的珠子从多到少排一排。(用数字表示多少就行哦！)

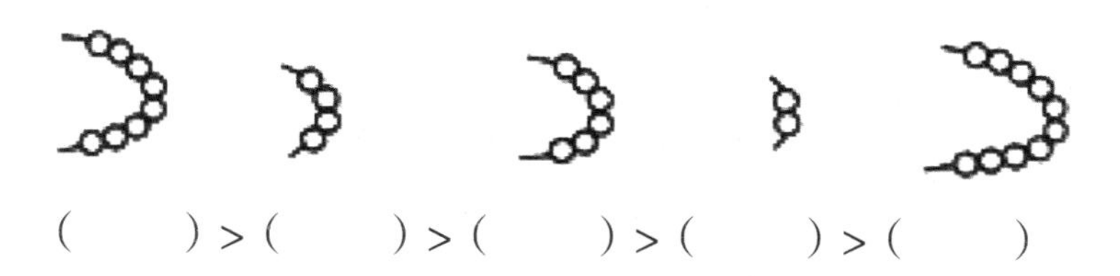

(　　) > (　　) > (　　) > (　　) > (　　)

3.

小红的糖：

小明的糖：

(1)(　　) > (　　)

(2) 小明比小红少 (　　) 块，小红给小明 (　　) 块后，两人同样多。

执笔人：王妍

魔术口袋之猜数游戏

小朋友们，用魔术口袋玩个猜数的游戏，你们感兴趣吗？

【游戏说明】

通过魔术口袋之猜数游戏，加深对 10 以内数的分与合的理解，培养你们思维的灵活性和敏捷性，提高口算能力和计算兴趣。

【游戏内容】

准备几个布袋和一些棋子（也可以是球、豆子等物体）。

活动一：2 人玩

（两人一组是最简单的游戏，它也是三人一组或是多人一组游戏时的基础。目的是让小朋友熟练地掌握一个数的分与合，为提高计算能力打好基础。）

例如：

1. 把 7（也可以是 10 以内的其他数）个棋子放在布袋里，同桌两个人同时摸出棋子，根据自己摸到的棋子来猜对方手中有多少个棋子。

（我有 3 个，你有 4 个，3 和 4 合起来是 7；我有 4 个，你有 3 个，4 和 3 合起来是 7；7 可以分成 3 和 4,7 可以分成 4 和 3。）

2. 再玩几次。可以换人先发言。

活动二：3 人玩

（目的是让小朋友掌握一个数分解后的数还可以继续分解。在学习中要从多角度思考问题，发展思维的逻辑性和灵活性。）

例如：

1. 把 7（也可以是 10 以内的其他数）个棋子放在布袋里，3 个人同时摸出棋子，根据自己摸到的棋子来猜对方手中有多少个棋子。

甲：我的是 3，我猜你们手里一共有 4 个棋子。

乙：我的是 1，我猜他的手里一定也是 3。

丙：7 可以分成 3 和 4,4 可以分成 1 和 3。

三人其说：7 可以分成 3 和 1 和 3。

2. 再玩几次。可以换人先发言。

【知识链接】

这个猜数小游戏与教材中 10 以内数的分与合的知识点是相对应的，在学习 10 以内数的分与合时，我们可以在课上或课下玩这个游戏，在游戏活动中巩固提高口算能力和计算兴趣，培养思维的灵活性和敏捷性。

【趣味拓展】

在□里填上合适的数。

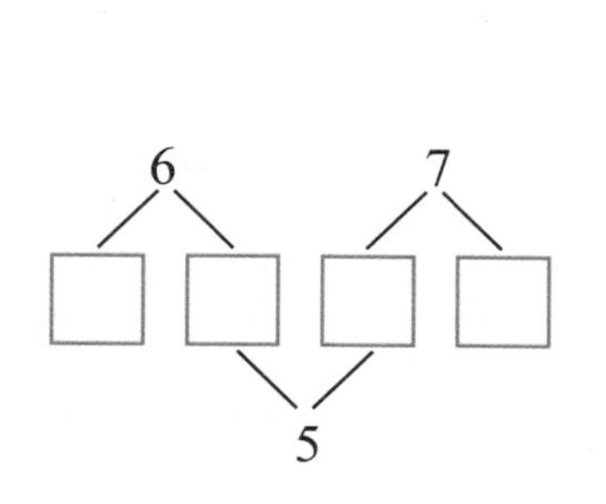

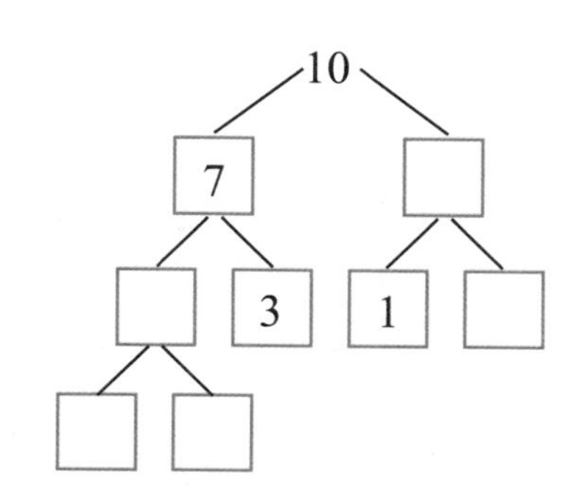

执笔人：王妍

“拍数”游戏

小朋友们，你们一定会1个1个从1数到100，也会2个2个，5个5个，10个10个地数了。下面我们来玩个拍数游戏，有兴趣一起玩吗？

【游戏说明】

此游戏能让大家更熟练地认识百以内的数，给数数的学习增添一点乐趣。

【游戏内容】

从1 ~ 100（可以随意规定范围）报数，按要求不报数而拍一下手，下一个人继续报数。如果有人报错数或拍错则输，由错的人从头开始重新报数。

1. 如果有人数到个位上是 2 的数时，不许报数，要拍下一手。

例如：

1	2	3	4	5	6	7	8	9	10
11	12	13	14	15	16	17	18	19	20
21	22	23	24	25	26	27	28	29	30
31	32	33	34	35	36	37	38	39	40
41	42	43	44	45	46	47	48	49	50
51	52	53	54	55	56	57	58	59	60
61	62	63	64	65	66	67	68	69	70
71	72	73	74	75	76	77	78	79	80
81	82	83	84	85	86	87	88	89	90
91	92	93	94	95	96	97	98	99	100

2. 如果有人数到十位数和个位数字一样时，不许报数，要拍下一手。

例如：

1	2	3	4	5	6	7	8	9	10
11	12	13	14	15	16	17	18	19	20
21	22	23	24	25	26	27	28	29	30
31	32	33	34	35	36	37	38	39	40
41	42	43	44	45	46	47	48	49	50
51	52	53	54	55	56	57	58	59	60
61	62	63	64	65	66	67	68	69	70
71	72	73	74	75	76	77	78	79	80
81	82	83	84	85	86	87	88	89	90
91	92	93	94	95	96	97	98	99	100

3. 如果有人数到十位上比个位上多 1 的数时，不许报数，要拍下一手。

例如：

1	2	3	4	5	6	7	8	9	10
11	12	13	14	15	16	17	18	19	20
21	22	23	24	25	26	27	28	29	30
31	32	33	34	35	36	37	38	39	40
41	42	43	44	45	46	47	48	49	50
51	52	53	54	55	56	57	58	59	60
61	62	63	64	65	66	67	68	69	70
71	72	73	74	75	76	77	78	79	80
81	82	83	84	85	86	87	88	89	90
91	92	93	94	95	96	97	98	99	100

4. 如果有人数到含有“7”的数字时，不许报数，要拍下一手。

例如：

1	2	3	4	5	6	7	8	9	10
11	12	13	14	15	16	17	18	19	20
21	22	23	24	25	26	27	28	29	30
31	32	33	34	35	36	37	38	39	40
41	42	43	44	45	46	47	48	49	50
51	52	53	54	55	56	57	58	59	60
61	62	63	64	65	66	67	68	69	70
71	72	73	74	75	76	77	78	79	80
81	82	83	84	85	86	87	88	89	90
91	92	93	94	95	96	97	98	99	100

5. 此游戏也可以举一反三，玩“拍 3”游戏、“拍 7”游戏、“拍 9”游戏等等。

【知识链接】

这个小游戏与一年级数学百以内数的认识是对应的。学习了数 100 以内的数后，你们可以在课上或课下玩这个游戏来增强数感，培养推理、倾听能力。

【趣味拓展】

填空：

1. 从 1 写到 100，可以写（　　）个 7。

2.

93		73	63		

3.

		56		36		

执笔人：王妍

“我是小小记录员”

今天，我们来玩个纸牌游戏，测测大家的计算能力。你们愿意一起来玩吗?

【游戏说明】

改变一种方式，复习 20 以内的加法，激发学生的学习兴趣，让小朋友更熟练地掌握 20 以内数的运算。需要准备：每组 3 副 2—9 的数字卡牌。

【游戏内容】

活动 1

1. 四人一小组（机动），小组长首先做好分工（发牌监检查 1 人，翻牌 2 人，计算 1 人）。

2. 将 3 副 2—9 的数字卡牌洗匀，然后扣着摆好。

（附上学生游戏图片）

3. 第一人随机翻出一张，第二人也随机翻出一张，第三人立即算出这两张卡 。

4. 每人当记录员 5 次（活动次数可自定）为一局，然后轮换，看看谁得的☆多。

组员		☆		☆		☆		☆
算式	3 + 8=11							
	2+2=4							
合计	（ ）颗☆		（ ）颗☆		（ ）颗☆		（ ）颗☆	

5. 我们组共得（ ）颗☆。

活动 2

1. 四人一小组，裁判 2 人：一人记录，一人随机翻 2 张牌，另外 2 人抢答两个数的和是几，最先说出答案的得 1 颗☆。

2. 组长分工，两两轮换，5 次（活动次数可自定）为一局，看看谁的反应快。

组员 次数				
1				
2				
3				
4				
5				
合计	（ ）颗☆	（ ）颗☆	（ ）颗☆	（ ）颗☆

3. 你想夸夸谁？（　　）最棒！

4. 反应快的可以代表本组与其他组员 PK。

活动 3

1. 四人一小组，一人记录，三人同时翻牌，抢答说出三个数的和。

组员 次数				
1				
2				
3				
4				
5				
合计	（ ）颗☆	（ ）颗☆	（ ）颗☆	（ ）颗☆

2. 每人当记录员 5 次为一局，然后轮换，看谁算得快又准。

3. 你想夸夸谁？（　　）最棒！

4. 请算得快又准的同学说说算理。

如：3+4+7=14（用到凑十法口算起来比较容易）。

（三人一组游戏，这需要有两个数相加为基础，相对于两人一组游戏来说，难度系数增加了，也使得游戏更具挑战性。目的是让小朋友掌握 3 个数连加的计算。如果在计算中能够做到先观察数字特点再选择简便方法进行计算，也许会使计算变得又快又准确。）

【知识链接】

这个小游戏与一年级数学上册 20 以内数的加法是对应的。学习了 20 以内数的加法运算后，大家就可以在课上或课下玩这个游戏，来帮助我们巩固提高口算能力，培养良好的倾听能力、合作学习能力、思维的灵活性和敏捷性以及竞争能力。

【趣味拓展】

四个人一起翻牌进行抢答计算四个数的和的游戏。

（此挑战游戏可能突破 20 的 4 个数连加计算，训练思维的灵活性与敏捷性。）

执笔人：王妍

乘车游戏

今天，我们玩个乘车游戏，比比看谁的计算准确，有兴趣一起玩吗？

【游戏说明】

需要准备一些司机头饰和算式卡片。乘车游戏可以给计算学习增添乐趣，让每个小朋友都能积极地参与到活动中来，一起体验成功的快乐。在快乐的游戏活动中还能巩固提高口算能力，培养大家思维的灵活性和敏捷性。

【游戏内容】

活动 1

1. 把头饰和卡片发到每个小朋友手中。

2. 得到司机头饰的小朋友就当小汽车（或小火车）司机，戴上头饰神气地站到指定的地方，戴上头饰当“小司机”的，每个头饰上写一个 10 以内的数。

3. 拿到算式卡片的小朋友就根据自己卡片上的得数去乘坐不同的“汽车”。全部上车之后，由司机验票（收卡），乘错车的被告知后回座位等待下一班车。

4. 验票结束后，司机带领乘客在音乐声中“坐车”。

5. 听组长口令进行游戏活动。

例如：这里是 ×× 车站，乘客们请注意，在“拍掌”声 3 次后，请准备好车票前去乘车。

活动 2

1. 每人发 2 张或 3 张算式卡片，可以玩换乘游戏。

2. 听组长口令进行。

例如：这里是 ×× 车站，乘客们请注意，在“拍掌”声 3 次后，请准备好车票前去乘车。需要换车的乘客，也请您做好换乘车辆的准备。“拍掌”声 3 次后，换乘车辆。

3. 全部上车后，由司机验票（收卡），乘错车的被告知后回座位等待下一班车。验票结束后，司机带领乘客在音乐声中“坐车”。

【知识链接】

这个小游戏与一年级数学上册 10 以内数的加减法是对应的。学习了 10 以内数的加减法运算后，你们可以在课上或课下玩这个游戏，来帮助我们巩固提高口算能力，培养思维的灵活性和敏捷性。

【趣味拓展】

此游戏还可以应用于复习 20 以内加减法、二年级的乘法口诀等。（可以自定火车头上的数，制作口算卡来游戏）

如：复习乘法口诀，可以利用除法算式来帮忙。

在小汽车（或小火车）头饰上写上商是几（如商是 9、8、7、6、5），再将写上除法算式的卡片及头饰卡片发给每个参与游戏的学生，然后按照上面的游戏方法就可以在玩中巩固乘法口诀了。

附：

10 以内加减法表

1+1=2								
2+1=3	1+2=3							
3+1=4	2+2=4	1+3=4						
4+1=5	3+2=5	2+3=5	1+4=5					
5+1=6	4+2=6	3+3=6	2+4=6	1+5=6				
6+1=7	5+2=7	4+3=7	3+4=7	2+5=7	1+6=7			
7+1=8	6+2=8	5+3=8	4+4=8	3+5=8	2+6=8	1+7=8		
8+1=9	7+2=9	6+3=9	5+4=9	4+5=9	3+6=9	2+7=9	1+8=9	
9+1=10	8+2=10	7+3=10	6+4=10	5+5=10	4+6=10	3+7=10	2+8=10	1+9=10

2−1=1								
3−1=2	3−2=1							
4−1=3	4−2=2	4−3=1						
5−1=4	5−2=3	5−3=2	5−4=1					
6−1=5	6−2=4	6−3=3	6−4=2	6−5=1				
7−1=6	7−2=5	7−3=4	7−4=3	7−5=2	7−6=1			
8−1=7	8−2=6	8−3=5	8−4=4	8−5=3	8−6=2	8−7=1		
9−1=8	9−2=7	9−3=6	9−4=5	9−5=4	9−6=3	9−7=2	9−8=1	
10−1=9	10−2=8	10−3=7	10−4=6	10−5=5	10−6=4	10−7=3	10−8=2	10−9=1

20以内加减法表

9+2=11	8+3=11	7+4=11	6+5=11	5+6=11	4+7=11	3+8=11	2+9=11
9+3=12	8+4=12	7+5=12	6+6=12	5+7=12	4+8=12	3+9=12	
9+4=13	8+5=13	7+6=13	6+7=13	5+8=13	4+9=13		
9+5=14	8+6=14	7+7=14	6+8=14	5+9=14			
9+6=15	8+7=15	7+8=15	6+9=15				
9+7=16	8+8=16	7+9=16					
9+8=17	8+9=17						
9+9=18							

11−9=2	11−8=3	11−7=4	11−6=5	11−5=6	11−4=7	11−3=8	11−2=9
12−9=3	12−8=4	12−7=5	12−6=6	12−5=7	12−4=8	12−3=9	
13−9=4	13−8=5	13−7=6	13−6=7	13−5=8	13−4=9		
14−9=5	14−8=6	14−7=7	14−6=8	14−5=9			
15−9=6	15−8=7	15−7=8	15−6=9				
16−9=7	16−8=8	16−7=9					
17−9=8	17−8=9						
18−9=9							

执笔人：王妍

钟面指令游戏

“小马不停蹄，日夜不休息。滴答滴答响，催人按时起。”（打一日用品：钟表）今天我们就来一起学看钟表，来和时钟模型一起做个游戏。

【游戏说明】

在认识钟面后，在认识整时、半时中，你们可以通过读时刻、拨

时刻等活动，充分发挥自己的主动性，进行自主、合作、探索学习。在游戏的过程中通过观察、操作和比较，感受时针、分针指向的特点，巩固认识钟表的整时和半时。

游戏准备：

时钟模型、计时器、整时、半时卡片

（每组一套：黄色 1–12 整时卡片 12 张、蓝色 0 分、30 分卡片各 6 张。）

【游戏内容】

1点	2点	3点	4点	5点	6点
7点	8点	9点	10点	11点	12点

游戏一：你说我拨（整时）

活动 1

1. 小组内选一人抽整点卡报时，其他人按看到或听到的整点在时钟模型上准确地拨指针。

2. 将拨好指针的时钟模型按先后顺序摆放在桌子上。

3. 一起判断。拨得又快又准的加 2 分。拨得准的加 1 分。

4. 小组每人轮换抽卡报时一次结束游戏。

活动 2

1. 各组分数高的小朋友一起 PK。每组指派一人抽卡报时，10 秒内拨得又快又准的加 2 分。拨得准的加 1 分。（其他小朋友也可小试，同各组选手一决高下）

2. 请得分高的小朋友说说为什么能拨得这么快这么准？

（分针指向 12，时针指几就是几时。）

游戏二：你拨我说（半时）

活动 1

1. 在自己的时钟模型上拨一个半点，把拨好半点的时钟模型反着放在桌子上。

2. 每人翻开一个时钟模型，报时。报对时间加 1 分。再将时钟模型反着放回桌子上。

活动二：

3. 打乱钟面顺序，一人翻开一个时钟模型，其他人进行抢答。报时又快又准的加 1 分。

4. 可以在时钟模型上重新拨一次时间，再玩一次。

活动 2

1. 各组分数高的小朋友一起 PK。每组指派一人举起本组中的一个时钟模型。报时又快又准的加 1 分。

2. 请报时又快又准的小朋友说说为什么能这么快这么准地报出时间？

（分针指向 6，时针过几就是几时半。）

游戏三：你拼我拨（整时、半时）

活动 1　两人玩

1. 石头、剪刀、布，赢的人率先抽出一张蓝卡、一张黄卡，让对方看一看两张卡片拼出的时间是几点几分，并让对方转动钟面模型的指针，指向正确的时间。在 10 秒内完成，正确的加 1 分。

如果抽中的是7点和30分的卡，就要在钟面模型上拨出7点30分。

如果抽中的是7点和0分的卡，就要在钟面模型上拨出7点整。

2. 轮换再玩一次。

活动2 多人玩

1. 一人抽黄色卡片，一人抽蓝色卡片，其他人看拼摆出的时间拨时钟模型上的指针。在10秒内完成的又快又准的加2分，准的加1分，超时不加分。

2. 轮换抽卡拼摆时间，每人看时间拨时钟模型的指针3次。

【知识链接】

《学看钟表》是北京版小学数学一年级上册内容。是有关“钟表”的第一次学习，结合生活经验学会认识钟表，会认读整时和半时。在认识钟表的活动中，培养观察能力，帮助初步建立起时间观念，从小养成珍惜时间和合理安排时间的良好习惯。

【趣味拓展】

在小朋友能熟练读出几点、几点30分时，可以自己学习如何看懂5分、10分等时间。在掌握如何看懂时间之后，你们可以根据对方所说的时间在时钟模型上摆出正确的时间。

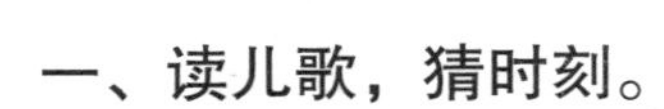

一、读儿歌，猜时刻。

1. 公鸡喔喔催天明，大地睡醒闹盈盈。
时针、分针成一线，请问这时几时整。

打一时刻：（　　）时

2. 太阳公公当空照，大地一片金灿灿，时针、分针叠一起，请问这时几时整。

打一时刻：（　　）时

二、小动物们读的对吗？对的画“√”，错的画“×”。

（　　）　　（　　）　　（　　）

三、小兔子兄弟俩采完蘑菇该回家了，如果小兔子兄弟俩走得一样快，谁先到家呢？在□里画“√”。

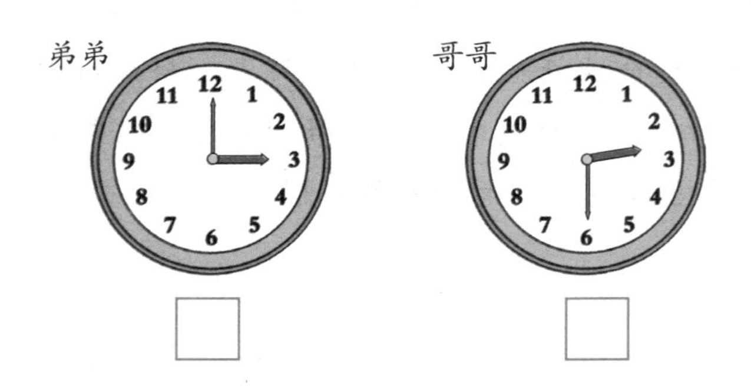

执笔人：王妍

成双配对

20 以内的加减法大家已经会算了，每次都是先说算式，再说结果。今天我们来做个游戏，先说结果，再给结果配算式。

【游戏说明】

将所有 20 以内的加法和减法算式制作成口算卡片。小朋友以小组为单位进行活动。组长任意说一个数字，其他小朋友就从口算卡片中拿出得数等于组长所报数字的口算卡片。

注意：口算卡片不能重复使用。如组长说“14”，第一次可以拿出“13 + 1”这张卡片；第二次组长再说“14”的时候，可以拿“8 + 6”“15 – 1”等等，但是不能再拿“13 + 1”这张卡片。每次第一个拿出卡片的学生获得奖励（小红花、小星星等等），最后获得奖励最多的小朋友就是优胜者。

【游戏内容】

小朋友以小组为单位进行活动。组长任意说一个数字，其他小朋友就从口算卡片中拿出得数等于组长所报数字的口算卡片。

【知识链接】

一年级的小朋友已经学习了 20 以内的加减法，这个游戏使你们进一步体会到加减法的含义，能够熟练计算 20 以内的加法和减法。

【趣味拓展】

说一个数，请你在规定时间内写算式，看谁写得多。

执笔人：施月娥

猜图形

小朋友们，你们都认识了很多平面图形，今天我们来玩儿一个猜图形的游戏。看看谁能根据提示，又快又准地猜出是什么图形。

【游戏说明】

在卡片上分别写出我们学过的平面图形名称。随意拿出其中一张，背面朝上贴在黑板上。对卡片上所写图形进行说明。学生根据老师的说明猜一猜这是什么图形。

每个图形有 4 个条件进行说明，如果说出 1 个条件就猜出正确答案，可以得 4 颗星；说出 2 个条件猜出答案，可以得 3 颗星。依此类推。猜错依次扣星，说出 1 个条件猜错扣掉 1 颗星，依此类推。最后星星多的胜利。

【游戏内容】

我随意拿出其中一张，背面朝上贴在黑板上。

条件 1：它是一个四边形。

条件 2：相对的两条边平行。

条件 3：相邻的两条边组成直角。

条件 4：它有 4 条对称轴。

小朋友根据我的叙述，请你随时进行猜测。

【知识链接】

小朋友们，你们已经认识了长方形、正方形、三角形、梯形、平行四边形等。根据提示，猜一猜是什么图形，巩固对几何图形特征的掌握。

【趣味拓展】

根据小朋友的知识水平，可以加入立体图形。也可以把所有小朋友分成几组，分别进行游戏。或者以小组为单位，进行比赛。

执笔人：施月娥

小动物回家

小朋友们，你们喜欢做游戏吗？今天我就满足你们的愿望，我们一起进入数学王国开始游戏之旅吧！

【游戏说明】

10 以内各数的组成是重要的基础知识，要求小朋友门熟练地掌握。通过“小动物回家”三个小游戏加深大家对 10 以内数的分与合的理解与掌握，培养你们的动手能力和反应能力。

【游戏内容】

准备 1 ~ 9 号小猫卡片（可多组）、2 ~ 10 号房屋卡片（可多组）。

由 9 个小朋友分别手持 2–10 号房屋卡片扮演房屋，另外 9 个小朋友随机抽取 1 ~ 9 号小猫卡片扮演小猫，小猫们自由组合，快速找到房屋并大声喊出几和几可以合成几，时间短的获胜。

举例

小朋友 1：我是 1 号小猫。

小朋友 2：我是 3 号小猫。

小朋友 3：我是 4 号房屋。

小朋友 1 和小朋友 2 找到小朋友 3 大声喊出 1 和 3 可以合成 4。

其他小朋友也按此规则进行，用时最短的 3 人获胜。

【知识链接】

数的分与合教学是一年级上册的知识点，对于你们进一步理解数的实际大小，数与数之间的关系，渗透加、减法的意义以及掌握10以内加、减的基本计算方法，都是十分重要的。这三个数学小游戏使你们摆脱死记硬背数的分与合的模式，在生动、活泼的学习中进一步掌握知识、培养思维的灵活性。

【趣味拓展】

1. 先找规律再填一填。

2. 最后小白兔要带我们一起到商店去看一看。商店里的物品真多呀！

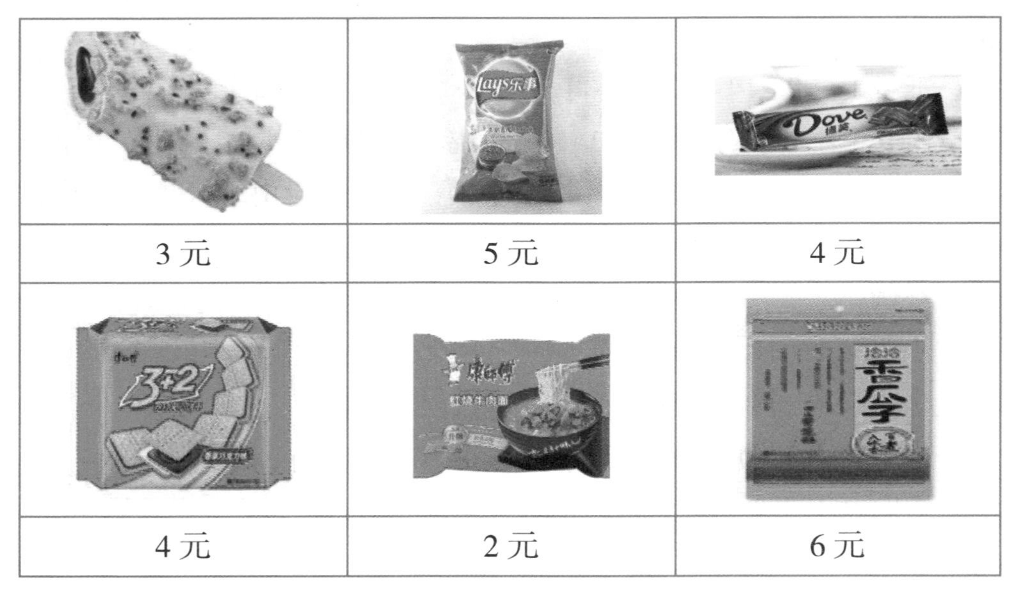

3 元	5 元	4 元
4 元	2 元	6 元

你现在如果有 8 元钱，你可以买哪两样物品？

甲：先想一想，再说一说。

乙：为什么可以买这两样物品呢？

甲：说明理由：8 可以分成几和几，几和几合成 8。

乙：如果有 9 元钱呢？

执笔人：张怡

比大小

小朋友们，你们喜欢做游戏吗？现在就满足你们的愿望，我们一起进入数学王国开始游戏之旅吧！

【游戏说明】

通过活动学习 20 以内进位加法，不仅可以避免死记硬背还可以有效地培养你们学习数学的兴趣和初步的计算意识。

【游戏内容】

准备扑克牌若干副，抽出每副牌 4 种花色的 1 ～ 10 备用。

将小朋友分成若干个小组，每组四个人。小朋友摸牌，一边摸牌一边计算得数。结果比 12 大的人淘汰。结果最大的人获胜。结果一样大，谁摸得牌少谁获胜。

举例

甲（黑桃）：5+8=13，淘汰。

乙（红桃）：1+2+5=8

丙（方片）：4+5=9

丁（梅花）：2+3+4=9

丙丁结果最大且牌少，丙获胜。

【知识链接】

20以内的进位加法是20以内退位减法和多位数计算的基础，这一部分学习的好坏，将对今后计算的正确和迅速程度产生直接的影响。如果有的小朋友对这一部分内容没有学好，计算时既慢又容易出错，那么以后继续学习口算和多位数笔算时就会遇到很大困难，与其他小朋友的差距会越来越大。因此，20以内的进位加法也是进一步学习数学必须练好的基本功之一。

【趣味拓展】

1. 填一填。

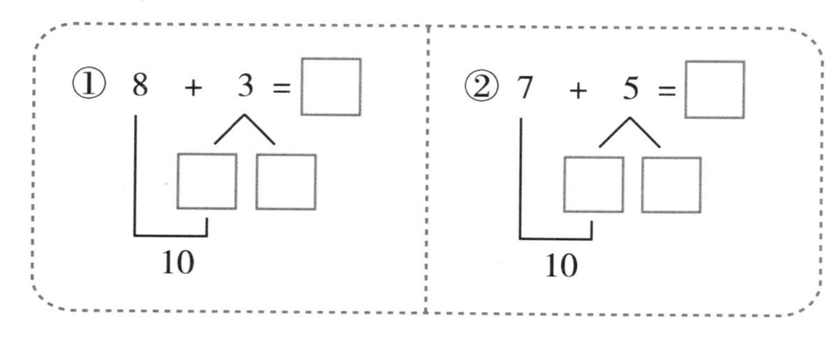

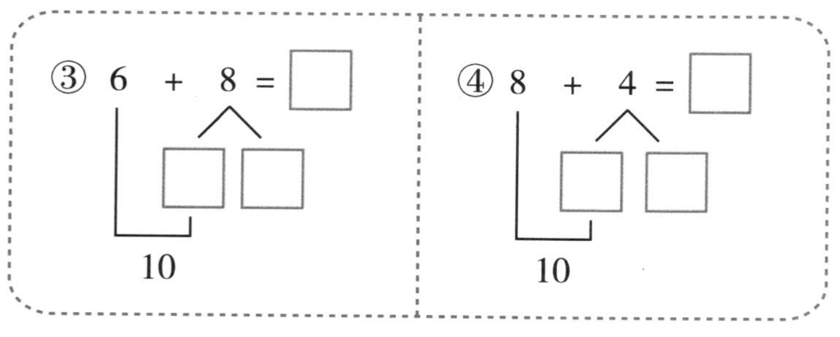

⑤ 9 + 5 = □

□ □

10

⑥ 7 + 4 = □

□ □

10

执笔人：张怡

多变的图形

我们已经认识了长方形、三角形等一些图形朋友。今天图形朋友来到我们班，想和小朋友们做游戏，你们看图形朋友上场了。

【游戏说明】

通过游戏加深对长方体、正方体、圆柱和球等立体图形的认识。在游戏中发展数学交流能力。

【游戏内容】

活动 1 猜一猜

准备长方体、正方体、球、圆柱若干。

小朋友们你们要分成若干个小组，每组两个人。一个小朋友将立体图形放入课桌中（不要让另外一个小朋友看到），另一个小朋友随便摸出一块，然后摸的小朋友说明特征和名称。

举例

甲：将长方体放入课桌中。

乙：（摸出一块）有六个面，面的大小不一致，有棱，是长方体。

活动 2 你说我摆

小朋友们你们要先分成若干小组，每组两个人。每个人准备长方体、正方体、圆柱和球各若干个。用立体图形拼成的玩具若干（可以是打印的图形）。一个小朋友根据玩具进行描述（玩具不要让对方看见），另一个小朋友根据描述逐步拼摆，拼好后与玩具比较，一致则获胜得分，不一致则不得分。

举例：

甲：最下层有5个正方体，从左往右数第一列3个，第二列2个，第三列1个。中间层有三个正方体第二列1个，最上层有一个正方体。

乙：根据描述拼摆图形。

甲和乙进行比较。

【知识链接】

《认识图形》这部分内容，是北京版小学数学一年级下册的内容，是在第一册认识了平面图形的基础上，初步认识立体图形，为以后学习更深层的几何知识打下基础。教材体现了从平面到立体的设计思路，注重让你们通过操作活动体会面与体之间的关系。

【趣味拓展】

1. 数一数、填一填。

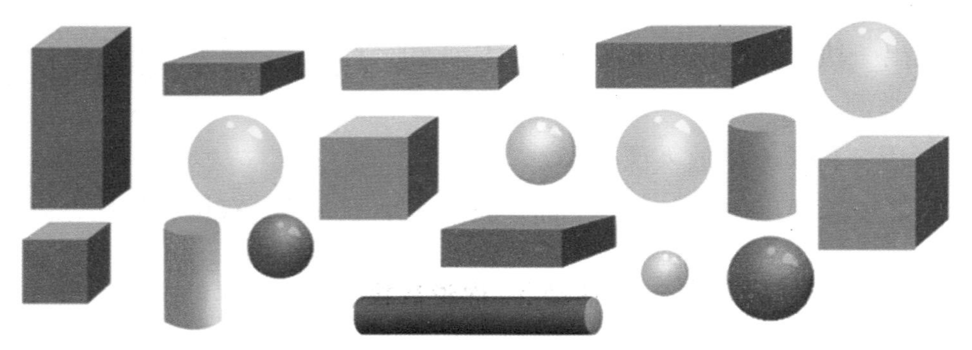

（　　）个	（　　）个	（　　）个	（　　）个

执笔人：张怡

有趣的七巧板

我们把这样的七块板拼在一起，恰好得到一个正方形，这就是七巧板。它是我国古代的一种拼图游戏，人们能运用这充满魔力的小板，拼成各式各样的形状，就像我们刚才开始看到的那些漂亮图案，也只是其中的一小部分，这节课我们就利用七巧板来做拼图游戏。

【游戏说明】

七巧板拼图是我国传统的游戏，结合生活实际和七巧板的拼摆，可以使小朋友在有趣的活动中感悟平面图形的特点，进一步区分和辨认长方形、正方形、三角形、圆和平行四边形，密切数学与生活的联系，发展空间观念。培养学习兴趣，培养你们的动手操作能力和创造力。

【游戏内容】

小朋友在规定时间内，用七巧板迅速而准确地拼出指定的图案和自己创造的图案。

【知识链接】

《七巧板》是北京版小学数学一年级下册《认识图形》单元的内容。这个游戏是在前面认识三角形、圆形、长方形和正方形的基础上，结合认识、了解、拼、摆我国古代的一种数学图形游戏——七巧板，来巩固认知几种平面图形的特点，并利用已经学过的图形创造出独具个性的新图形。

【趣味拓展】

1. 有趣的七巧板。

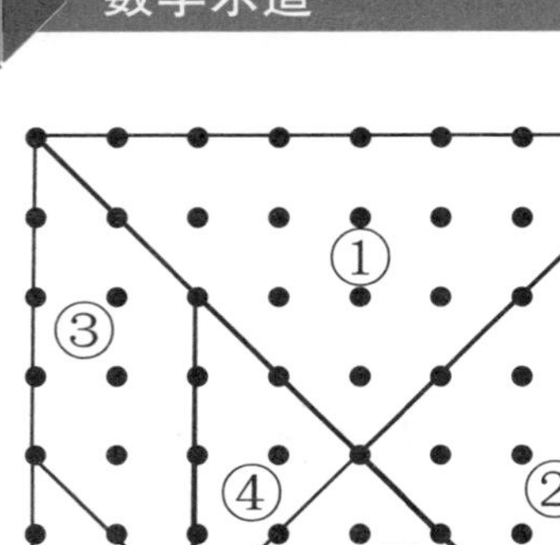

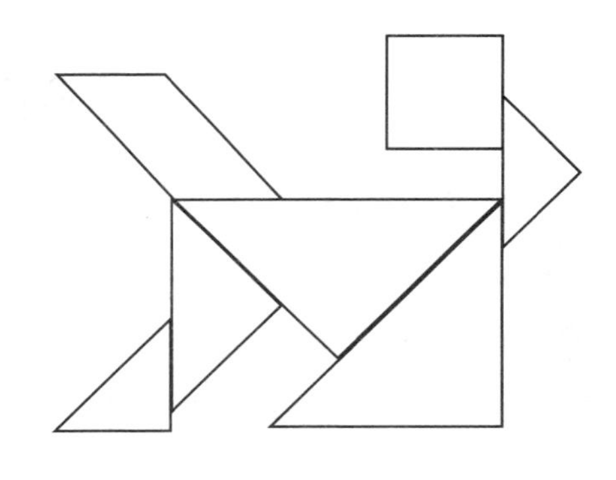

（1）左上图是一副七巧板，它由（　）种图形组成的，其中有（　）个□，（　）个△，（　）个□。

（2）（　）号图形是正方形。由（　）号图形和（　）号图形可以拼出这个图形。

（3）请你用④⑤⑥号图形拼成一个长方形，再拼一个三角形，请画出草图。

（4）右上图是贝贝用七巧板拼出的小狗，请你给小狗图案中的每一块标上它在左上图中相应的序号。

执笔人：张怡

我的牌是几

小朋友们，你们已经学过两位数减一位数（不退位），今天我们要玩的游戏是和你们所学的这部分知识相联系的，咱们看看谁学得最扎实。

【游戏说明】

通过活动学习 20 以内的退位减法，不仅可以避免死记硬背还可以有效地培养你们学习数学的兴趣和初步的计算意识。

【游戏内容】

请你们准备扑克牌若干，抽出 1–10 备用。将小朋友分成若干组，每组两人。

两个小朋友，每人各摸一张牌，一人做加、一人做减。一个小朋友看到另外一个小朋友的牌是 5，而自己摸到的牌是 8，但不直接告诉对方，而是把这两张牌的和 13 告诉对方，让对方猜自己手中的牌。如果算对了，这两张牌就归对方。摸完后双方交换再来一次。当一副牌摸完后，再比谁手中的牌多，牌多的获胜。

举例

甲：摸一张 5，告诉学生乙。

乙：摸一张 8，咱们两人手中牌的和是 13，我手中的牌是几？

甲 :13–5=8，你手中的牌是 8。

（甲算对了，5 和 8 两张牌归学生甲。）

乙：摸一张 7，告诉学生甲。

甲：咱们两人手中的牌和是 16，我手中的牌是几？

乙 :16–7=8

（学生乙算错 3，两张牌归学生甲。）

按上述规则交替进行，当一副牌摸完后，谁手中的牌多就获胜。

【知识链接】

《20 以内退位减法》是北京版小学数学一年级上册《加法和减法》单元的内容。这个游戏内容是多位数计算的基础，也是进一步学习数学必须习得的基本技能之一。重点理解 20 以内退位减法的算理，掌握计算方法，能够正确计算。

【趣味拓展】

原有	14 个	17 套	（ ）辆	11 个
卖出	5 个	（ ）套	3 辆	（ ）个
还剩	（ ）个	9 套	8 辆	2 个

执笔人：张怡

你比画我写他来拨

“小小骏马不停蹄，滴答滴答不休息，别人睡觉它不睡，提醒人们按时起”这是一个生活用品，是什么呢？你会看吗？想学会看吗？那今天我们就来玩一个认识钟表的小游戏。

【游戏说明】

通过过设计画钟面、读时刻、拨时刻等活动，充分发挥学生的主动性、自主性进行自主、合作、探索研究。在游戏的过程中充分地认识钟表，会看整时半时、会写整时半时，提高动手操作能力和表达能力。

【游戏内容】

小朋友们，你们先要分成若干小组，每组三个小朋友。两组两组进行比赛。一组中的一人比画出生活中的活动，比如刷牙洗脸等，另外两人负责监督和评价。另一组中的小朋友按生活经验在纸上写出时间（符合一般生活规律即可）并在钟面上播出时间。写对、拨对得 1 分，写错、拨错对方得 1 分。两组交换，哪组先到 5 分为获胜方。两组中的获胜方和另两组中的胜方继续比赛，直至比出第一名。

举例

组 1：一个小朋友做刷牙动作。

组 2：在纸上写出时间 7 ：00，在钟面上拨出 7 时。

组 1:3 个小朋友进行评价。

组 2 正确加 1 分，两组互换。

组 2：一个小朋友做睡觉动作。

组 1：在纸上写出时间 12 ：30，在钟面上播出 6 ：00。

组 2 ：3 个小朋友进行评价，组 1 将时针分针认错。

组 1 错误，组 2 加 1 分。

按上述规则交替进行，先得 5 分的组获胜。

【知识链接】

《学看钟表》是北京版小学数学一年级上册的内容。在日常生活中，我们时时处处离不开钟表，你们每天起床、上课等活动都要按照一定的时间来进行，因此认识钟表十分必要。通过这个游戏，你们可以初步认识钟面上的时针与分针，了解时针、分针之间的关系，掌握整点、半点并知道其规律及书写方式，结合日常生活理解时钟的用途。帮助你们初步建立起时间观念，从小养成珍惜和遵守时间的良好习惯。

【趣味拓展】

1．填一填。

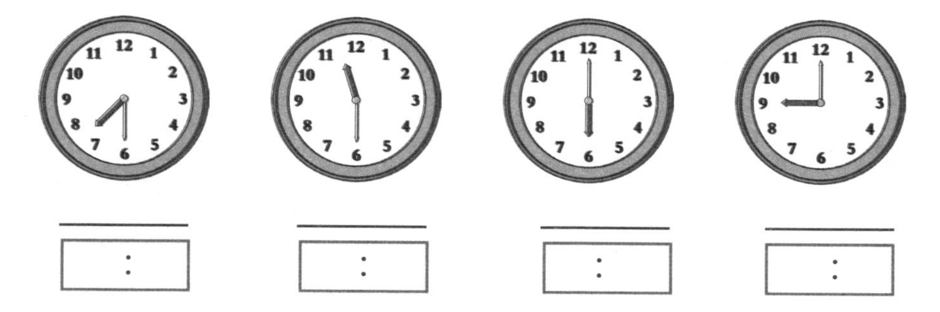

执笔人：张怡

超级计算达人

想做超级计算达人吗？和我一起进入数学王国吧！

【游戏说明】

通过计算连加、连减两步式题，初步体会计算的变化，提高你们的计算能力。感受游戏的快乐，培养学习数学的兴趣。

【游戏内容】

小朋友们，先分成若干小组，每组两个小朋友。准备1–99的数字卡片。一个小朋友抽出三张卡片，(1)将三张卡片的数字相加做连加(2)当其中两张卡片或三张卡片上的数字相加超过99时就将三张卡片的数字做连减或加减混合计算。大声说出算式和得数，并根据得数的个位数字走棋，得数个位是几，就加几分；算错的不能加分。另一个小朋友也抽取三张卡片按上述规则计算。得分先到10分者获胜。

举例：

甲：抽到2、16、33，就说“2 + 16 + 33 = 51”，得数是51，个位是1，就加1分。

乙：抽到99、10、30，就说“99–10–30=50”，得数是50，个位是0，不得分。

按照上述规则交替进行，先得10分者获胜。

【知识链接】

《连加、连减》是北京版小学数学一年级下册《加法和减法》单元内容。连加、连减是本单元的一个难点内容，主要难在计算过程上，都要分两步进行口算才能算出结果，特别是第二步计算要用到第一步算出的得数作加数或被减数，才能完成计算任务。通过这个游戏，可

以帮助我们巩固连加、连减算式的计算顺序，能正确地计算两位数的连加、连减。初步感知用连加、连减计算解决日常生活中的一些简单实际问题，体会数学与生活的密切联系。

【趣味拓展】

1. 想一想。

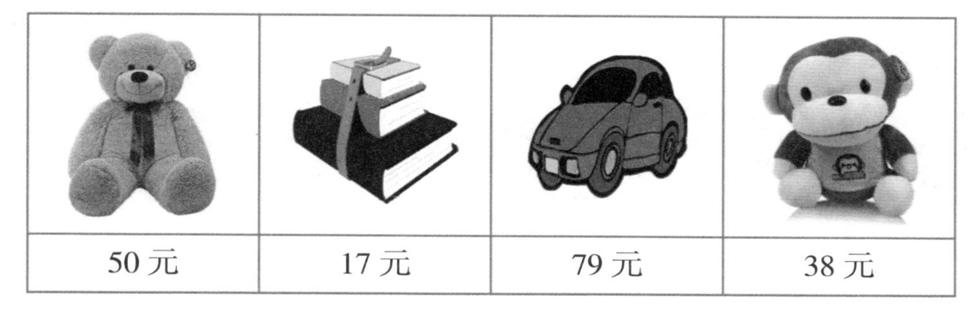

50 元	17 元	79 元	38 元

（1）小明要买小熊、汽车和小猴一共要花多少元。

（2）小明有 100 元买了书和汽车还剩多少元?

执笔人：张怡

我是大医生

生活中医生都是给病人看病的，今天我们这来了很多特殊的病人，让我们也当一回大医生，来给特殊的病人看看病吧。

【游戏说明】

小朋友们，你们已经能够初步掌握竖式计算方法，明确写数的时候从高位写起，先写十位再写个位，十位和十位对齐，个位和个位对齐。明确竖式计算的时候，先算个位，个位上的两个数相加结果写到个位上，然后十位上的数相加，得数写到十位上。竖式计算完了之后，还要把横式上的得数写上。这个游戏可以培养你们独立思考、细心计算的良好学习习惯。

【游戏内容】

先把小朋友分成若干小组，每组三个小朋友。一组中的一人为裁判，负责计时评判。另外两人进行改错。在规定时间内改对一题得1分，改错、超时不得分。三人轮换进行，先得到5分的为获胜方。

举例

甲：30秒计时开始。

乙：

$$\begin{array}{r} 2\ \ 6 \\ +3\ \ 8 \\ \hline 5\ \ 4 \end{array} \qquad \begin{array}{r} 2\ \ 6 \\ +3\ \ 8 \\ \hline 5\ \ 4 \end{array}$$

丙：

$$\begin{array}{r} 5\ \ 6 \\ -2\ \ 8 \\ \hline 3\ \ 8 \end{array} \qquad \begin{array}{r} 5\ \ 6 \\ -2\ \ 8 \\ \hline 3\ \ 8 \end{array}$$

甲：乙加1分，丙不得分。

按上述规则三人交替进行，先得5分的组获胜。

【知识链接】

《竖式计算》是北京版小学数学一年级下册《加法和减法》单元的内容。竖式计算教学是数学学习的重要组成部分，是你们发展必备的技能知识之一。通过这个游戏可以让你们明确两位数加、减两位数(不进位、不退位和进位、退位)的算理，掌握竖式计算正确的计算方法，为正确进行四则运算打好基础。培养大家按骤进行笔算的好习惯，使你们自觉地把好抄题关、审题关和运算关。

【趣味拓展】

1. 下面的题哪道是对的请在（　）画"√"，错的改正。

2　3 +4 ——— 　6　3 （　）	5 +4　1 ——— 　9　1 （　）	7　8 -　6 ——— 　7　2 （　）	6　5 -2　3 ——— 　3　2 （　）

执笔人：张怡

表格填数游戏

平常的方格也可以玩出神奇哦！要不要试试？

【游戏说明】

通过表格填数游戏，促使小朋友们将20以内加减法知识与幻方知识结合起来思考，发展观察能力、推理能力，意识到数学蕴涵在我们的生活中，增强探索数学奥秘的情感。

【游戏内容】

准备好3×3的正方形网格。

两人轮流在下面的正方形网格中任意一格内填数，所填的数只能是1、3、4、5、6、7、8、9、10这9个数。每个数只能用一次。全部填完后，一、三两行数的和为一个小朋友的得分，一、三两列数的和为另一个小朋友的得分，得分高的人获胜。

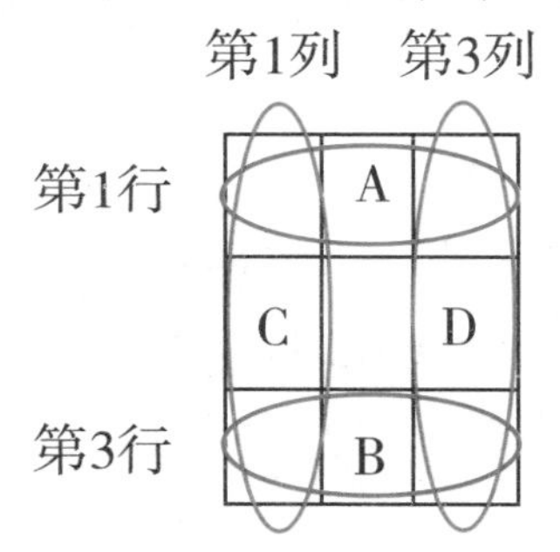

两个小朋友交换填数顺序，看看谁的分高？

【知识链接】

一年级下册学习了连加，你们可以在课上或课下玩这个游戏，可以巩固相关的计算，培养小朋友们在问题中追问的习惯，提高逻辑思维能力。

观察这个 3×3 网格，四个顶点处是两人最后求和时共同用的数，要想得数比对方大，选择一、三行的小朋友就要在表格中属于自己单独拥有的 A 或 B 处填大数，同理选择一、三列的小朋友就要在表格中属于自己单独拥有的 C 或 D 处填大数，选择先填数的小朋友拥有获胜的先机，当然如果先填数的小朋友不仔细分析或不知道这个秘诀，后填数的小朋友也有可能取胜。

【游戏拓展】

回家与家长一块儿玩这个游戏，思考要想取胜的话，最初要在哪一方格中填哪个数？请说明理由。

执笔人：关爱民

奇偶性游戏

自然数按照一个奇数一个偶数排列，两个奇数相加和是什么数？两个偶数相加和又是什么数？一个奇数与一个偶数相加和是什么数？三个数相加又有什么规律呢，通过下面的游戏，相信你会有新的发现。

【游戏说明】

你们初学认数时就对奇偶性知识有了初步的认识，通过玩这个游戏，可以提高你们的数感。五年级下册教材学习数的整除单元，玩这个游戏，可以培养你们的理性思维，提升你们的思维品质。

【游戏内容】

活动 1

两人玩数学游戏，轮流往下图的5个○中填数，填的数为1、2、3、4、5，每个数只用1次，填完后如果四个小三角形的顶点数之和都是双数，则判首先填数者胜。

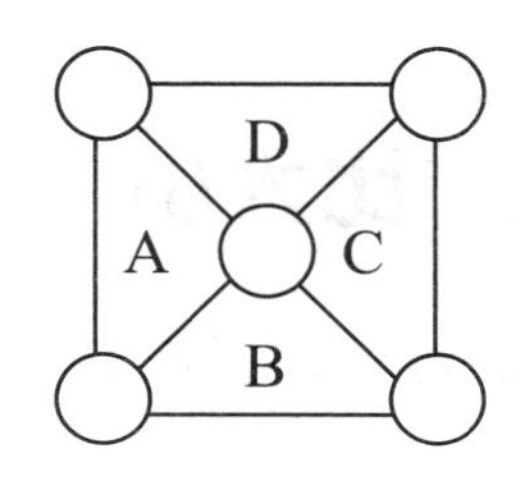

活动 2 扑克牌见分晓

一副扑克牌，抽出大王和小王，三人一组，第一个小朋友抽出一张牌报数，第二个小朋友也抽出一张牌报数，第三个小朋友判断这两个数的和（或差）是奇数还是偶数。答对记1分。轮换抽牌、判断，每人判断10次，分数多的为胜。

【知识链接】

活动1适合一年级第一学期的小朋友，你们学习了数的认识，20以内的加减法，就可以进行这个游戏练习，从而发现三个数相加，和是奇数、偶数的奥秘。活动2小朋友可以在一年级下学期学习了百以内数的加减法后进行，也可以在五年级下册教材学习数的整除知识时巩固奇偶性时练习。游戏拓展适合五年级下学期的学生进行。

奇数 + 奇数 + 偶数 = 偶数

奇数 + 偶数 + 偶数 = 奇数

奇数 + 奇数 + 奇数 = 奇数

偶数 + 偶数 + 偶数 = 偶数

【游戏拓展】

三人一组，一人负责每次抽出3张牌，另两人判断3张牌上数的和或积的奇偶性，写在纸上，算得快又对的记1分。每人玩同样多的次数，分数多的获胜。

执笔人：关爱民

比大小

数学课上比大小，谁的运气好，谁的智慧高，谁有技巧，让我们来玩比大小的游戏吧！

【游戏说明】

比较数的大小要抓住孩子喜欢比较的好奇心。为什么要比，以及怎样比，让孩子们在游戏中学会比的方法，比枯燥乏味的讲解效果更明显。

【游戏内容】

活动1 组数比大小

准备两个盒子，分别装有0—9十张数字卡片。两个数位表，上下放置，利于比较。如下图：

…… ……	万	千	百	十	个	·	十分位

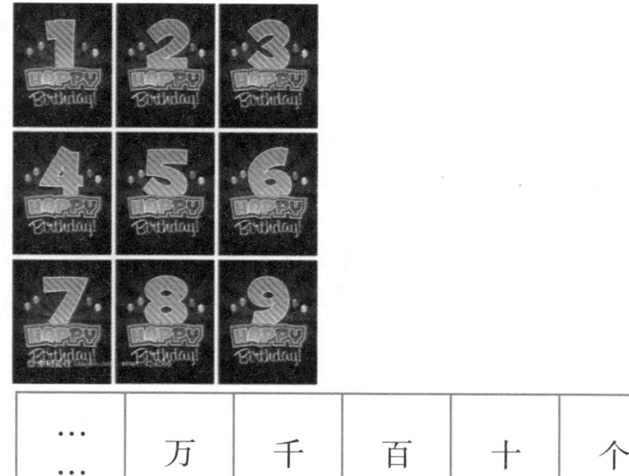

……	万	千	百	十	个	.	十分位

卡片倒扣在桌子上，分成两组，轮流抽取卡片。根据抽出数字的大小，放置在合理的数位上，谁组的数大谁获胜。注意：一旦能够比较出大小，本轮比赛结束。（比之前先确定整数部分是一位还是两位）

举例：整数部分是一位

甲：

……	万	千	百	十	个	.	十分位
					7		

乙：

…… ……	万	千	百	十	个	.	十分位
					8		

这样的情况乙肯定获胜了本轮结束。

整数部分是两位

甲：

…… ……	万	千	百	十	个	.	十分位
					3		

乙

…… ……	万	千	百	十	个	.	十分位
				5			

甲：

…… ……	万	千	百	十	个	.	十分位
				6	3		

乙：

…… ……	万	千	百	十	个	.	十分位
				5			

第一次甲抽到 3 放到个位，乙抽到 5 放到十位，第二次甲抽到 6 放到十位，能看出大小就结束，甲赢。如果甲把 6 放到十分位，乙继续抽，其他数位还有很多可能性，所以不能分出大小。再继续直至能分出大小结束。

在游戏过程中，除了考虑卡片上数的大小以外，还要考虑数位。尽量把大数放在高位才能有可能获胜。兴趣是最好的老师，让我们在游戏中自己总结出比较万以内数的大小的方法。

活动 2　猜一位小数

游戏规则：两人一组，一人想数，一人猜数

甲：我想了一个几点几的小数，你能猜中吗？

乙：我能，是 0.5！

甲：小了，小了。

乙：是 0.8。

甲：不对，十分位对了。

乙：8.8？

甲：大！

乙：7.8。

甲：大！

乙：6.8？

甲：比 3.8 大比 6.8 小！

……

猜数的人提问，想数的人回答“大了”或“小了”。

如此猜数游戏，锻炼你们在具体的情境中，把握数的大小的比较的本领，又渗透了用“区间值”逐步逼近的思想。这样的交流活动对于培养你们良好的数感具有十分重要的作用。使你们在体会数的大小的同时，还能学到一种解决问题的有效策略。

【知识链接】

这种游戏是在学习了一位小数大小比较之后进行的，利用玩游戏巩固比较大小的知识，这样比做习题有吸引力，小朋友的兴趣很浓，在比较中思维得到锻炼。

【趣味题】

在方框里填上合适的数字

1. □.3 > 6.□

2. 8.□ < □.□

执笔人：仇立民

“丢三落四”

小朋友们，你们已经学习了 100 以内的数。今天我们玩个游戏，游戏的名称叫“丢三落四”。

【游戏说明】

通过“丢三落四”游戏，进一步掌握百以内的数，初步锻炼小朋友总结归纳的能力，培养倾听能力和注意力。

【游戏内容】

所有小朋友从 1–100 进行轮流报数，凡是遇到个位是 3 或 4，十位上是 3 或 4 的时候都不能报，下一个小朋友直接报下一个数，如果说出来带数字 3 或 4 的同学，直接淘汰，最终的小朋友为胜利者。

活动 1 直接报数（丢三、落四、丢三落四）

第一种有序报数，从 1 开始轮流报数，遇到带有数字 3 与 4 的数，跳过不报，下一个小朋友接着报。

（丢三游戏）举例：

1、2、4、5、6、7、8、9、10、

11、12、14、15、16、17、18、19、20、

21、22、24、25、26、27、28、29、

41、42、……

这是最初级的玩法，经过几轮游戏以后掌握规则，培养初步的数感，培养倾听习惯和注意力。

活动 2 按规律报数（丢三、落四、丢三落四）

随着游戏的推进，升级版的丢三落四可以有规律地报数，小朋友就会发现加上单数或者复数，报数的结果是不一样的。

（加 2 的丢三落四）举例：

第一个小朋友报 1，

第二个小朋友加上 2 得 3，不说话。

第三个小朋友再加 2，报 5。

……

升级版的“丢三落四”不但锻炼倾听能力、注意力，还培养小朋友的思维能力。

【知识链接】

这个小游戏与教材中数的“百数表”相对应，小朋友在学习了百数表后，可以在课上或课下玩这个游戏，巩固对数的认识并增强数感，培养倾听能力、培养注意力和逻辑思维能力。

【趣味拓展】

1. 说出个位上是 5 的数。
2. 说出十位和个位数字相同的数。
3. 说出十位上是 9 的数。

执笔人：杨雪飞

“找朋友”

小朋友们，你们已经学习数的计算。今天我们玩个游戏，游戏的名称叫“心有灵犀”。

【游戏说明】

通过“找朋友”游戏，可以进一步掌握数的计算，培养小朋友的计算能力，培养小朋友的观察能力、注意力和快速反应能力。

【游戏内容】

第一步报出一个数字，10 名同学，胸前分别贴上数字 0 ~ 9，围成一圈，边走边唱歌，“找呀找呀找朋友，找到一个好朋友……”歌声完毕，2 个同学迅速抱在一起，2 人相加的和或相减的差是开始报出的数为胜利。

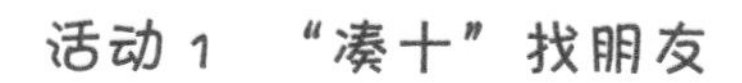

活动 1 “凑十”找朋友

第一种，报数字 10。

“凑十”找朋友游戏举例：

10 个小朋友，胸前分别贴上数字 0–9，围成一圈，边走边唱歌，“找呀找呀找朋友，找到一个好朋友……”歌声完毕，2 个小朋友迅速抱在一起，相加是 10 者为胜。

例如：游戏前报 10。

贴数字 1 和数字 9 的是好朋友。

贴数字 2 和数字 8 的是好朋友。

……

这是最初级的玩法，小朋友进过几轮以后很容易掌握游戏规则，培养数的计算及注意力和快速反应的能力

活动 2 三个好朋友

随着游戏的推进，升级版的“找朋友”是三个人为好朋友，是对小朋友连加连减计算能力的提升。

例如：游戏前报 15。

贴数字 2 和数字 4 和数字 9 的三个人是好朋友。

贴数字 1 和数字 5 和数字 9 的三个人是好朋友。

……

升级版的“找朋友”不但锻炼孩子的倾听能力，小朋友的注意力，小朋友的快速反应能力，还培养小朋友的思维能力。

【知识链接】

这个小游戏与教材中“数的计算”相对应，小朋友在学习了数的计算后可以在课上或课下玩这个游戏，巩固你们的计算，并培养倾听能力、注意力和逻辑思维能力，此游戏同样适合“减法计算”、“乘法计算”。

【趣味拓展】

1. 两个数相加小于 8 的是朋友。

2. 基数是好朋友。

3. 两个数组合，个位比十位少 2 的是好朋友。

执笔人：杨雪飞

“BINGO”

小朋友们，你们已经学习了 100 以内的数。今天我们玩个游戏，游戏的名称叫“BINGO”游戏。

【游戏说明】

“BINGO”，是一种填写格子的游戏。是在填格子游戏中喊出来的一个口语，意思是“猜中了”。要求在九宫格内横、竖或者斜，有一条线与规则相同，即为胜利。此游戏引用到数的计算中，激发计算的兴趣，培养注意力和逻辑思维能力。

【游戏内容】

准备一个 3 乘 3 的九宫格，两个小朋友进行游戏，分为红方和黑方，在九宫格里写算式。两个小朋友猜拳，赢者先写。第一个小朋友在任意一个空格写算式，算式的结果为九宫格所有算式的结果。之后第二个小朋友再写，算式的结果必须与第一个小朋友相同。谁先走完一条线 (横、竖、斜) 即为胜利。

活动 1　算式玩法

在图一中的任意一条线是一个小朋友写的算式，即为胜利，反之，不在一条线或者算式重复即为输。

例如：图二，黑方先写，3+8=11，则黑方定下规则，九宫格所有算式得数都为 11，黑方先将九宫格连城一条线，“BINGO”，黑方胜利。

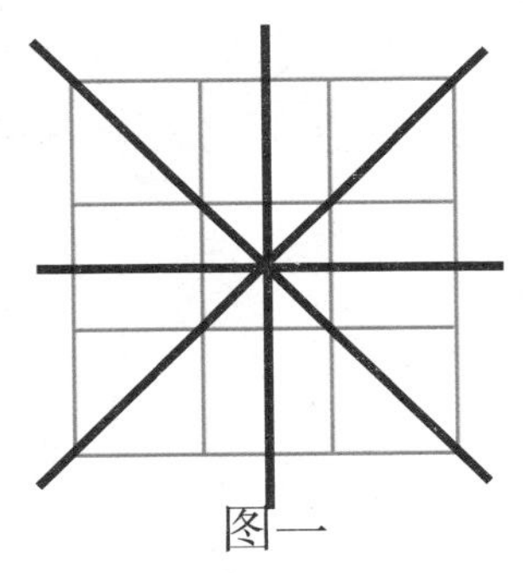
图一

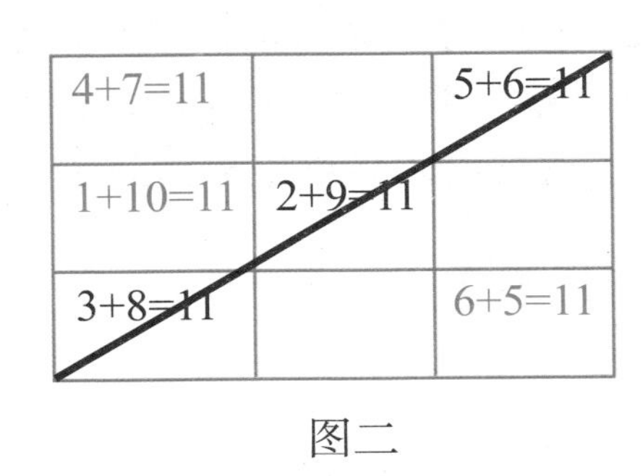

图二

经过几轮以后很容易游戏掌握规则，培养数的计算，归纳总结能力，培养小朋友的逻辑思维能力和推理能力。此游戏同样适用于减法、乘法、除法的计算。

活动 2　扑克玩法

升级版的“BINGO”需要准备红黑颜色的扑克牌，第一步让小朋友通过猜拳，决定谁规定数字，谁先抽牌。把认为有用的牌放在格子里，没用的可以放弃。每人抽一次，交替进行，与格子内相同的数字，无论红方黑方都不能再用，只能从新抽取。谁先将“横、竖、斜”线三个格子相加得出事先规定的数，谁胜利。

举例：

第一步：甲乙通过猜拳，甲胜，甲报出一个数字 15。

第二步：甲抽取扑克，黑桃 5，放在格子中。(见图)

第三步：乙抽取扑克，抽出红桃 13，没用，放弃。

第四步：甲抽取，黑桃 2，放入格子中。

……

甲胜利。

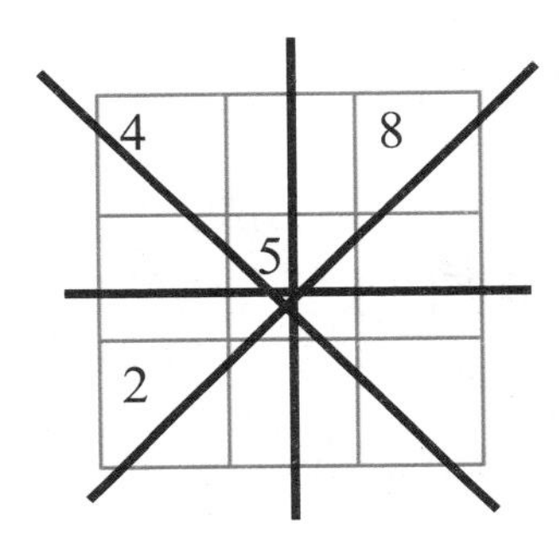

【知识链接】

这个小游戏与教材中“数的计算”相对应，在学习了数的计算后，小朋友，你们可以在课上或课下玩这个游戏，巩固小朋友的计算，培养倾听能力、培养小朋友的注意力和逻辑思维能力，此游戏同样适用于减法、乘法、除法的计算。

【趣味拓展】

1. 数独游戏。

执笔人：杨雪飞

斤斤计较

小朋友们，你们已经学习了100以内的数。今天我们玩个游戏，游戏的名称叫“斤斤计较”。

【游戏说明】

通过“斤斤计较”游戏，进一步掌握百以内的数，初步培养你们的数感，锻炼总结归纳的能力，培养小朋友的注意力。

【游戏内容】

两个小朋友比赛，每人抓一把珠子，进行比较。第一种结果看谁抓得多，抓得多得胜。第二种结果抓好先估数，再数数，看谁的误差率小，误差率小的获胜。

活动1 比较玩法

第一种玩法，两个小朋友比赛，每人抓一把珠子，再进行比较，数量多的小朋友为胜。

举例：

甲抓一次，数数，有17个。

乙抓一次，数数，有 21 个。

甲乙进行比较，乙胜。

这是最初级的玩法，经过几轮以后很容易掌握游戏规则，培养初步的数感，培养小朋友的探究能力和注意力。

活动 2 套圈玩法

随着游戏的升入，升级版的斤斤计较为“套圈玩法”， 小朋友抓完一次后先估计自己的数量，自己估计自己的数量，然后数数，数数的时候将珠子十个一组放在圆圈里，再报出总数，误差率低者胜利。

举例：甲抓一把，估计数为 48，实际数出的个数为 43，误差 5。

（见图一）

乙抓一把，估计数为 42，实际数出的个数为 34，误差 8。

（见图二）

甲获胜。

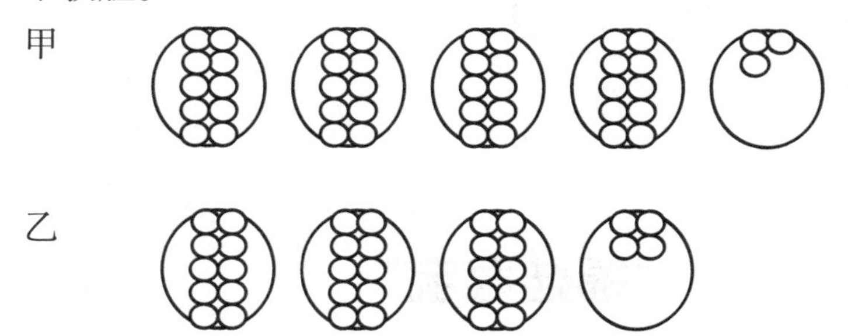

随着游戏的推进，升级版的斤斤计较会让小朋友发现十位相同，个位不同的比较方法；十位不同，个位相同的比较方法。不但培养了小朋友的数感，还培养了小朋友的归纳总结能力、逻辑推理能力。

【知识链接】

这个小游戏与教材中 “数的比较”相对应，你们可以在课上或课下玩这个游戏，巩固数的认识，增强数感，培养小朋友们的归纳总结能力、注意力。

【趣味拓展】

1. 黑兔、灰兔和白兔三只兔子在赛跑。黑兔说："我跑得不是最快的，但比白兔快。"请你说说，谁跑得最快？谁跑得最慢？（ ）跑得最快，（ ）跑得最慢。

2. 三个小朋友比大小。根据下面三句话，请你猜一猜，谁最大？谁最小？

（1）芳芳比阳阳大 3 岁；

（2）燕燕比芳芳小 1 岁；

（3）燕燕比阳阳大 2 岁。

（ ）最大，（ ）最小。

3. 根据下面三句话，猜一猜三位老师年纪的大小。

（1）王老师说："我比李老师小。"

（2）张老师说："我比王老师大。"

（3）李老师说："我比张老师小。"

年纪最大的是（ ），最小的是（ ）。

执笔人：杨雪飞

"福娃寻宝"

小朋友们，你们已经学习了"左右""几"和"第几"。今天我们玩个游戏，游戏的名称叫"福娃寻宝"。

【游戏说明】

通过"福娃寻宝"游戏，进一步掌握"左右"的区分，"几"和"第几"，培养小朋友思维空间能力。

【游戏内容】

需要 10×10 的福娃棋盘一个，福娃 1 个，甲抽取指令卡片，乙听

指令走路线。两个小朋友轮流进行，时间短者为胜。

活动 1　我是你的眼

第一种甲抽取指令卡片，乙听指令走路线。

举例：

甲抽取的指令：从下面左侧第一个格子出发，向上走到第 3 个格子，向右走到第 6 个格子。

乙按照甲给出的指令走相应的路线。（见图）

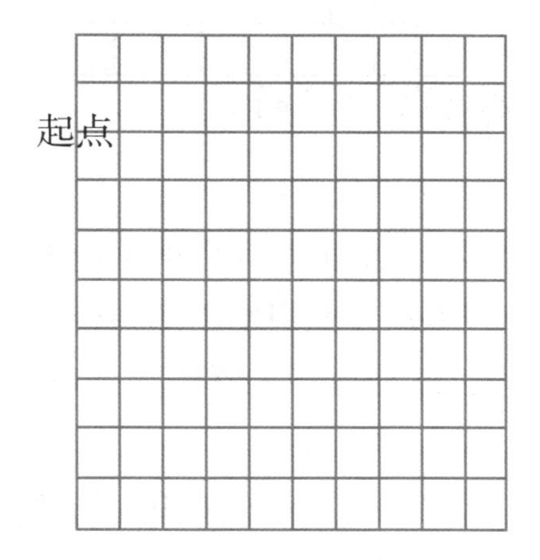

这是最初级的玩法，小朋友进行几轮以后很容易掌握游戏掌握规则，培养初步的方向感，倾听习惯和注意力。

活动 2　镜子屋

随着游戏的推进，升级版的“福娃寻宝”需要 3 个小朋友一起进行，甲乙面对面坐好，丙负责抽取指令，当甲读取指令时，乙根据指令操作，丙根据指令的反方向操作，并说出反方向的指令。指令和动作完全正确，丙胜。反之，甲乙胜。

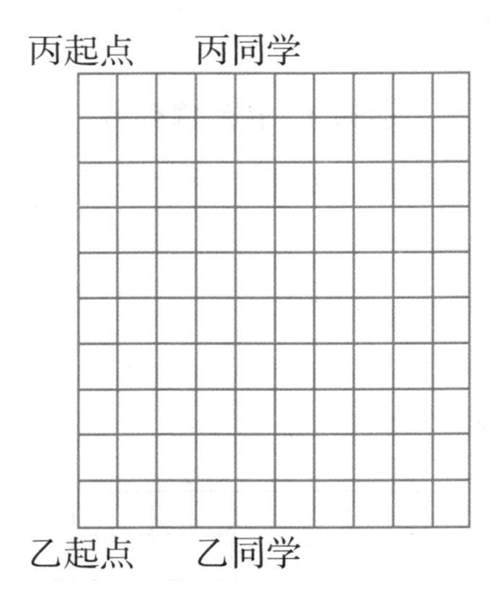

举例：

甲抽取的指令：从下面左侧第一个格子出发，向上走到第 3 个格子，向右走到第 6 个格子。乙按照甲给出的指令走相应的路线。（见图）丙按照相反的指令出发，并说出行走路线。

……

升级版的“福娃寻宝”不但锻炼小朋友们的倾听能力、注意力，还培养小朋友们的反向思维能力。

活动 3

从左下第一个开始，两个小朋友轮流移动一个福娃棋子，每次不规定步数，看谁先走到右上角的对角线终点，注意必须按顺序走，第一行走完才能走第二行，最后一个格子走到的小朋友胜利。

【知识链接】

这个小游戏与教材中“几和第几”对应，学习了“几和第几”之后，小朋友可以玩这个游戏，可以很好地让小朋友们区分左右、几和第几。同时培养了小朋友的倾听能力、注意力及空间思维能力和反向思维能力。此游戏同样适用于东南西北的练习。

【趣味拓展】

1. 两个小朋友相对站立，互相是自己的镜子，一个小朋友举左手，另一个小朋友举右手。

2. 地下画十个方格，一个小朋友从左边跳到第三个，另一个小朋友从右边跳到第三个。

小朋友 1

小朋友 2

执笔人：杨雪飞

火眼金睛

小朋友们，你们已经学习了方向。我们今天玩个游戏，游戏的名称叫“火眼金睛”。

【游戏说明】

通过“火眼金睛”游戏，可以进一步掌握左右的区分，几和第几，培养你们的思维空间能力。

【游戏内容】

需要 10×10 的福娃棋盘一个，两种福娃棋子，甲乙轮流进行游戏。甲先摆出福娃棋子，两种棋子随意摆放，乙同学说出从左边数或从右边数第几个是不同的，答对者胜利。

活动　直接报出

甲先摆出福娃棋子，两种棋子随意摆放，乙找出不同的旗子，并说位置。说位置的要求由甲提出，是从左边数还是右边数，是从上边数还是下边数，在第几个，答对者胜利。

1	1	1	1	1	1	1	1	1	1
1	1	2	1	1	1	1	1	1	1
1	1	1	1	1	1	1	1	1	1
1	1	1	1	1	1	1	1	1	1
1	1	1	1	1	2	1	1	1	1
1	1	1	1	1	1	1	1	1	1
1	1	1	1	1	1	1	1	1	1
1	1	1	1	1	1	1	1	1	1
1	1	1	2	1	1	1	1	1	1
1	1	1	1	1	1	1	1	1	1

举例：甲摆棋子（见图），甲要求下边为第一行，从左边数。

乙说出从左边数第二行第 4 个。

从左边数第六行第 6 个。

从左边数第九行第 3 个。

这是最初级的玩法，学生进行几轮以后很容易掌握游戏规则，培养初步的方向感，培养小朋友们的倾听习惯和注意力。

【知识链接】

这个小游戏与教材中“几和第几”对应，学习了“几和第几”之后，你们可以玩这个游戏，可以很好地让小朋友区分左右、几和第几。同时培养了小朋友的倾听能力、注意力及空间思维能力和反向思维能力。此游戏同样适用于东南西北的练习。

【趣味拓展】

1. 两人共同游戏：翻双色片

（1）请一个小朋友数出 5 个双色花片，横着排成一排，从左边起把第两个翻成蓝色。

（2）请一个小朋友将 5 个双色花片竖着排成一排，从下边起把第 3 个翻成蓝色。

（3）其中一个小朋友摆双色片，请说过程。

2. 延伸游戏：两人合作，一人说要求，一人翻花片。

执笔人：杨雪飞

超级对对碰

小朋友们，你们已经学习了 10 的分与合。今天我们玩个游戏，游戏的名称叫“超级对对碰”。

【游戏说明】

通过“超级对对碰”游戏，可以帮助你们进一步掌握数的分与合，初步锻炼小朋友总结归纳的能力，培养倾听能力和注意力。

【游戏内容】

地上画 9 个圆圈，分别标上 2—10，准备九个玻璃珠，在玻璃珠上分别贴上数字 1–9，两人一组，每人手上拿 9 个玻璃珠。同组小朋友分别站在圆圈的两侧，面对面站立，两人将手中玻璃珠弹向中间的圆圈，圆圈上的数字之和必须等于圆圈数，第一个圈通过，在进行下一个圆圈，如果不等于，则换下一个组进行，哪个组最先做完，为胜利者。

活动 1 圆圈玩法

地上画 9 个圆圈，分别标上 2—10，准备九个玻璃珠，在玻璃珠上分别贴上数字 1–9，两人一组，每人手上拿 9 个玻璃珠。同组小朋友分别站在圆圈的两侧，1 米外面对面站立，两人将手中玻璃珠弹向中间的圆圈，圆圈上的数字之和必须等于圆圈数，第一个圈通过，取回弹球换组。如果不等于，或者弹出圈，则换下次轮换是还从第一个开始，最先碰到10号圈者胜利。

举例：

两组通过猜丁壳决定顺序。

第一次：第一组从2号圈开始，甲弹出1号球，乙弹出1号球，碰到2号圈里，通过。

第二次：第二组从2号圈开始，甲弹出1号球，乙弹出1号球，乙弹出圈外，不通过。

第三次：第一组从3号圈开始，甲弹出1号球，乙弹出2号球，碰到3圈里，通过。

第四次：由于刚才没通过继续从2号圈开始，甲弹出1号球，乙弹出1号球，碰到2好圈，通过。

……

最先到达10号圈者胜利。

甲同学

② ③ ④ ⑤ ⑥ ⑦ ⑧ ⑨ ⑩

乙同学

这种玩法，学生进行几轮以后很容易掌握游戏规则，培养初步的数感，培养小朋友的倾听习惯和注意力。

【知识链接】

这个小游戏与教材中“数的分与合”相对应，在学习了“数的分与合”后，你们可以在课下玩这个游戏，巩固数的认识增强学生数感，培养小朋友们的倾听能力和注意力。

【趣味拓展】

“造房子”游戏，巩固4、5、6、7各数的分合方法：

玩法：“用三角形的‘砖’造屋顶，用长方形的‘砖’造墙。要根据屋顶上的数字来找砖造墙。每层楼的两块砖不能重复。”

执笔人：杨雪飞

拍卖会

小朋友们，你们已经学习了人民币。今天我们玩个游戏，游戏的名称叫“拍卖会”。

【游戏说明】

通过“拍卖会”游戏，可以帮助我们进一步掌握人民币的认识，初步锻炼使用人民币，培养倾听能力和注意力及快速反应能力。

【游戏内容】

每件物品标上价格，小朋友竞拍，竞拍前规定递增的额度，每次竞拍只能递增相等的数额，当有人报出一个数额，如果没有人回应，拍卖师要说 3 遍价格，第三次没有人回应，落槌，价高者得。

活动 拍卖

每件物品标上价格，小朋友竞拍，竞拍前规定递增的额度，每次竞拍只能递增相等的数额，当有人报出一个数额，如果没有人回应，拍卖师要说 3 遍价格，第三次没有人回应，落槌，价高者得。

举例：

小朋友轮流做拍卖师，拍卖自己的物品。

拍卖师：介绍物品，说出物品价格及递增额度。例如一件物品 3 元，每次递增 2 元。

小朋友 1：5 元

小朋友 2：7 元

小朋友 3：9 元

……

小朋友 N:　12 元

无人回应

拍卖师：12 元一次，12 元两次，12 元 3 次，小朋友 N 获得。

小朋友经过几轮以后很容易游戏掌握规则，培养初步的数感，培养小朋友的倾听习惯和注意力，同时培养小朋友的逻辑思维能力。

【知识链接】

这个小游戏与教材中数的“人民币”相对应，在学习了人民币后，你们可以在课上或课下玩这个游戏，巩固数的认识、增强对人民币的认识，培养你们倾听能力、注意力和逻辑思维能力。

【趣味拓展】

1. 1 角可以换成（　）个 1 分硬币；1 角可以换成（　）个 2 分硬币；1 角可以换成（　）个 5 分 硬币。

2. 爸爸买一条毛巾要付 5 元 4 角，买一双袜子用去同样多的钱，一共要付多少钱？

执笔人：杨雪飞

福娃游世界

小朋友们，你们已经学习了时间，也学习了基本的计算方法。今天我们玩个游戏，游戏的名称叫“福娃游世界”。

【游戏说明】

通过“福娃游世界”游戏，让小朋友们进一步掌握时间、数的计算，初步培养小朋友们的倾听能力和注意力。

【游戏内容】

准备一张中国与世界各国时差一览表，每个小朋友代表不同国家的福娃精灵，一个人说北京时间，福娃精灵根据时差一览表，说自己

所代表国家的时间，说对者胜利。此游戏以小组为单位，累计积分高的小组获胜。

活动 “一站达到”玩法

第一种准备一张中国与世界各国时差一览表，每个小朋友代表不同国家的福娃精灵，一个人说北京时间，福娃精灵根据时差一览表，说自己代表这个国家的时间，说对者胜利。此游戏以小组为单位，累计积分高的小组获胜。

举例：

小朋友 1：福娃福娃，我是老师，现在是北京时间 19 时，请问巴西是几时。

福娃：我是福娃，我在巴西，现在是巴西时间（19–11=8 时，）早上 8 时。

……

小朋友经过几轮以后很容易掌握游戏规则，培养小朋友的时间观念，培养小朋友的倾听习惯和注意力，提高计算能力。

【知识链接】

这个小游戏与教材中数的“认识”对应的，在学习了时间后，你们可以在课上或课下玩这个游戏，巩固时间的认识增强时间观念，培养倾听能力、培养小朋友的注意力和逻辑思维能力。

【趣味拓展】

计数器上的小珠子：

a. 十位上拨下一颗珠子，这个数是几？表示什么？

b. 十位上一颗，个位上拨下 5 颗，这个数是几？

c. 十位上有两颗珠子，这个数是几？为什么？

执笔人：杨雪飞

猫和老鼠

小朋友们，我们已经学习了“百数表”，今天我们玩一个游戏，名字叫做“猫和老鼠”。

【游戏说明】

通过“猫和老鼠”游戏，进一步掌握百以内的数，初步锻炼小朋友总结归纳的能力，培养倾听能力和注意力。

【游戏内容】

这个游戏是一个两人的棋盘游戏。需要一张 10×10 的棋盘，棋盘的交叉点上标有 1 ~ 100 数字。在棋盘上任取一处 4×6 的小棋盘作为游戏区域。

开始时，甲把黑棋子（代表猫）放在棋盘的左上角（图中画猫的那个圆圈），另一枚棋子（代表老鼠）可以放在棋盘的除了“猫”所在的任何一个圆圈中。

开始时，“老鼠”先走，然后“猫”走，就这样轮流移动。每次移动可以从一个圆圈沿直线移到上下左右相邻的圆圈。不允许移到棋盘以外，不允许跳格，也不允许轮到移动时待在原地不动。猫捉到老鼠为胜利，老鼠跑进猫的老窝，老鼠胜利。

活动 1 局部猫捉老鼠

开始时，“老鼠”先走，然后“猫”走，就这样轮流移动。每次移动可以从一个圆圈沿直线移到上下左右相邻的圆圈。不允许移到棋盘以外，不允许跳格，也不允许轮到移动时待在原地不动。猫捉到老鼠为胜利，老鼠跑进猫的老窝，老鼠胜利。

（猫捉老鼠）举例：

猫的老窝在 11 位，

老鼠从 44 号

位出发去猫的老窝。

老鼠先走 34 号位。

猫移动 21 号位。

老鼠 33 号位

猫 31 号位

……

猫捉到老鼠，猫胜利。

老鼠到达猫的老窝 11 号位，老鼠胜利。

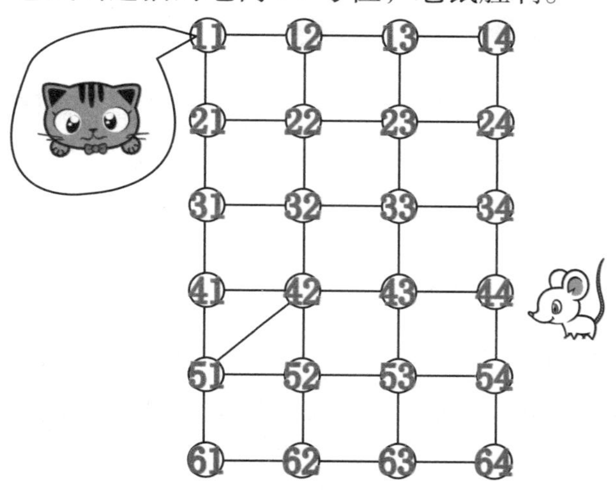

这是最初级的玩法，小朋友经过几轮游戏以后掌握规则，培养初步的数感，培养倾听习惯和注意力。

【游戏解密】

解答：

如下图，拿“猫”的那个同学在行棋开始以后，可以先不管“老鼠”怎么走的，将“猫”一步一步先移到 A 处。

如果这时候“老鼠”移到一个白色的格子上，那么“猫”也移到白色的格子上，然后紧追不舍（每次所占的格子都与“老鼠”同色）就可以抓住“老鼠”了。

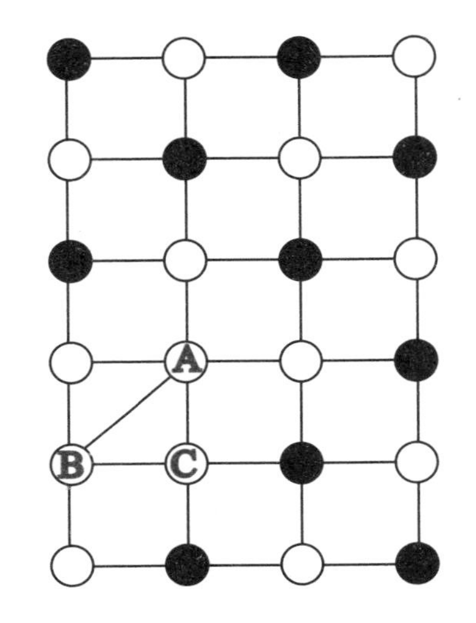

如果这时候“老鼠”移到一个黑色的格子上，那么“猫”就移到B，然后紧追不舍，每次所占的格子与“老鼠”同色，就可以抓住“老鼠”了。

【知识链接】

这个小游戏与教材中数的“百数表”相对应，在学习了百数表后，你们可以在课上或课下玩这个游戏，巩固数的认识增强数感，培养倾听能力、注意力和逻辑思维能力。

【趣味拓展】

1. 只能在个位是7的路线上走。

2. 只能在十位是4的路线上走。

执笔人：杨雪飞

二 年 级 篇

丢口诀，找朋友

孩子们，想必丢手绢的游戏你们都玩过哈，今天，我给大家推荐的新游戏，就是根据这个游戏改编的——“丢口诀，找朋友”，把我们学过的乘法口诀融入这个游戏当中，相信你们一定会觉得很有趣，让我们一起来了解一下吧。

【游戏说明】

丢手绢，又叫丢手帕，是我国汉族传统的民间儿童游戏，我们就是对此游戏进行改编，把乘法口诀融入游戏当中，让学生在玩的过程中巩固口诀，激发学生对口诀的兴趣，锻炼孩子的应变能力、身体的灵活性和在公共场合的表现能力。这对形成学生乐观开朗、积极向上的性格同样具有积极的意义。

【游戏内容】

1. 材料准备：没有结果的口诀卡片、数字卡。

2. 场地布置：平坦的地方即可。

3. 人数：一般要由五个人以上组成，人数不设上限。男女同学都可参加。

活动 1

游戏开始前，每人准备几句没有结果的半句口诀，和大量的口诀结果的数字卡片，我们也可以分口诀玩，比如，这个课间我们就玩 8 的口诀，大家就准备好一套 8 的口诀卡片，每人手里再准备 8 的口诀结果的数字卡。然后大家利用“石头剪刀布”或其他的方法推选出一个丢口诀的小朋友，其余的人围成一个大圆圈蹲下。游戏开始，大家一起唱起《丢手绢》歌谣，被推选为丢手绢的人沿着圆圈外行走或跑步，边走边说出自己手中的口诀，如，四八围坐的同学从手中选出与口诀相对应的结果放在身后。在歌谣唱完之前，丢手绢的人要不知不觉地将手绢丢在其中结果正确的一人的身后。被丢了手绢的人要迅速发现自己身后的手绢，然后迅速起身追逐丢手绢的人，丢手绢的人沿着圆圈奔跑，跑到被丢手绢人的位置时蹲下，如被抓住，则要表演一个节目，可表演跳舞、讲故事等。如果被丢手绢的人在歌谣唱完后仍未发现身后的手绢，而让丢手绢的人转了一圈后抓住的，就要做下一轮丢手绢的人，他的位置则由刚才丢手绢的人代替。因此游戏是大家围成圆圈进行的，所以丢手绢的人和被丢手绢的人跑动时圈数不能太多，防止因跑动圈数太多而头晕跌倒。

活动 2

活动 1 是一个小朋友丢口诀，在此基础上，进行了发展创新，请大家念儿歌，两个小朋友拿不同的口诀卡片，一起丢口诀，在以往的游戏中，都是单人单圈做，为增加游戏的趣味性，可以双人双圈，三人三圈……游戏过程中，有一些小朋友往往只把口诀丢给自己的好友，

这就会给课堂带来不和谐的因素，造成学生之间的不团结。多圈组合既增加了游戏的难度，又给小朋友们提供了更多的游戏机会。

【知识链接】

这个游戏是与北京版小学数学第三册中《乘法口诀》这个知识点配套的游戏，通过的游戏的兴趣激发小朋友去熟记乘法口诀欲望，游戏过程中让小朋友强化和运用乘法口诀。

【趣味拓展】

1. 找朋友

5×4　7×6　3×8　9×2　8×5　4×7

六七四十二、二九一十八、五八四十、四七二十八、四五二十、三八二十四

2. 你能想出几种填法，看谁想得多。

□ × □ = 24　　　　□ × □ = 12

□ × □ = 16　　　　□ × □ = 8

执笔人：祖海艳

对歌游戏

孩子们，你们都听说过对山歌游戏吧，今天我给大家介绍一款实际问题的对歌游戏，这可要考验你用乘除法解决实际问题的能力哦，如果你解决问题的能力强，那我相信你一定会立于不败之地，同学们，一起来挑战吧！

【游戏说明】

对歌，又名斗歌、对口白、唱口白、文播台，是乐清民间文化的一束奇葩，其腔调唯配以乐清方言（西乡）才珠联璧合。每逢元宵佳节，人们都要聘请艺人去演唱“对歌”。相传为光绪年间闻福臻所创。另在浙西南一带的畲族山寨，到了节日、喜庆场合人们也会彻夜欢唱，对歌系礼仪活动组成部分。今天，我们就是利用民间的“对歌”形式，把“对歌”的内容进行改编，换成我们学习过的用乘法口诀来解决的实际问题，以此来巩固乘法口诀，激发学生解决实际问题的兴趣，提高你们提出并解决问题的能力。

【游戏内容】

对歌形式设东西二台，相距四五米，两人对唱，西边的叫坐台，东边叫陪台，双方的阵容一样，队员人数相同。每场开头，先由坐台方出题，可以唱，也可以说，说或唱时以鼓声加强气氛，说、唱一句后敲五下鼓：“咚、咚、咚咚、咚”，好比戏曲的过门。陪台方可以任意派一名队员“对唱”，即，说出解决问题的方法，团队可以合作“对唱”，如果答对陪台方可以任意选择坐台方一名队员成为自己的队员。接下来再由陪台方出题，坐台方回答。

举例：

坐台方：一只青蛙 4 条腿，对面的朋友我问你：8 只青蛙几条腿？

陪台方：对面的朋友我告诉你：一只青蛙 4 条腿，8 只青蛙，8 个 4，四八三十二条腿。

坐台方：对面的朋友你们答对了，请你来点将。

陪台方：我们要某某（某某来到陪台方的方阵）。

陪台方：对面的朋友我问你：老师买了 30 元的铅笔 6 支，每支铅笔多少钱？

……

双方这样轮换互问互答，最后看谁的队员多谁就获胜。这个游戏就是要考查学生提出问题、解决问题的能力，谁的问题巧、谁的思维灵活就会取得胜利。

【知识链接】

这个游戏与北京版教材《数学》第三册中的乘法口诀解决实际问题相对应，通过这种方式培养小朋友提出问题、解决问题的能力，让小朋友体会数学学习与生活、与游戏、与活动的紧密联系，感受到学习数学的必要性和趣味性，增强学习数学的欲望。

【趣味拓展】

1. 猜一猜：小朋友们，每串灯笼 4 元钱，我的钱刚好可以买 5 串灯笼。请你猜一猜我有多少元钱？

2. 咱们玩个游戏，看谁说得又对又快。

1 只青蛙 4 条腿，2 只青蛙（　）条腿，3 只青蛙（　）条腿，

4 只青蛙（　）条腿……9 只青蛙（　）条腿，扑通扑通跳下水。

执笔人：祖海艳

一网不捞鱼

孩子们，“一网不捞鱼，二网不捞鱼，三网捞个大鲶鱼。”这个游戏你们在体育课上一定玩过，今天，我们给这个游戏加点“料”，把我们学过的乘法口诀加进去，相信一定会更有意思，下面就听我来给大家介绍一下吧。

【游戏说明】

这个游戏可以用于乘法口诀的巩固强化，在游戏中提高小朋友的口诀熟练程度，增加口诀记忆的趣味性，增强小朋友们的应变能力和合作能力，帮助小朋友树立集体意识，感受数学与游戏间的紧密联系，使小朋友感受到数学学习的趣味性和实用性。这个游戏还可以锻炼小朋友们的肢体运动能力，在游戏过程中能渐渐形成与别人协作及遵守规则的好习惯。游戏中小朋友们从“网”下钻过时，要保持一定的距离，否则容易摔倒；用手臂圈住“鱼”的时候，注意不要碰伤他人；注意游戏过程中的其他安全。

【游戏内容】

活动 1

两个小朋友相向站立，双手互相拉住高举过头，形成“捕鱼网”。其他小朋友们做小鱼排成一条队，按顺序依次从“网”下钻过，边钻边唱“一网不捞鱼，两网不捞鱼，三网单捞小尾巴、尾巴……”直至两个人同时用手臂圈住某个小孩时才说出“鱼”字，用惊喜的语调说：“抓住了。”被捞住的小鱼说一句口诀，撒网的两个人谁答得又对又快，被捞住的鱼就归到谁的队伍后面。所有人归好队后，两队进行拔河大比拼，胜者收复对方的所有小鱼，成为游戏的赢家，获得“鱼王”称号。

活动 2

两个小朋友相向站立，双手互相拉住高举过头，形成“捕鱼网”。其他小朋友们做小鱼排成一条队，按顺序依次从“网”下钻过，边钻边唱：“一网不捞鱼，两网不捞鱼，三网单捞小尾巴、尾巴……”直至两个人同时用手臂圈住某个小孩时才说出“鱼”字，用惊喜的语调说：“抓住了。”被捞住的鱼，根据他们说的数的结果想口诀，他说的口诀与哪个撒网人的结果一致，这个被捞住的人就归到谁的队伍后面。所有人归好队后，两队进行拔河大比拼，胜者收复对方的所有小鱼，成为游戏的赢家，获得“鱼王”称号。

【知识链接】

此游戏是与北京版教材小学《数学》第三册中的乘法口诀相对应而生的一款游戏，这款游戏的两种玩法一种是由口诀想结果，一种是由结果想口诀，从顺向、逆向两个维度来帮助小朋友强化口诀，增加口诀记忆的趣味性。

【趣味拓展】

（1）5 组小朋友做游戏，每组 7 人，一共有多少小朋友在做游戏？每组 7 人，42 个小朋友可以分成几组？

（2）图中九个方框组成四个等式，其中三个是横式，一个是竖式。如何在这九个方框中填入 1 ~ 9 九个数字，使得这四个等式都成立。注意，1 ~ 9 这九个数字，每个必须填一次，不允许一个数填两次。

□ − □ = □

　　　　×

□ ÷ □ = □

　　　　‖

□ + □ = □

执笔人：祖海艳

我发令你听令

今天，我们将通过一个“我发令你听令”的小游戏，来练练自己的反应速度，如何？你们准备好了吗？

【游戏说明】

每两个小朋友为一组，每个小朋友手里分别拿着一副扑克牌，采用一问一答式准确计算。游戏过程中，如有谁输了或出错了牌，可以让他唱支短歌或朗诵一首诗，还可以抢红花，分胜负。这样能为游戏大大地增加快乐的气氛，使小朋友们觉得乐趣无穷，玩得轻松、学得愉快，同时还可以满足他们的好胜心，享受到成功的欢乐。通过这种游戏的多次训练，可以培养小朋友思维的灵活性和敏捷性。

【游戏内容】

活动 1 算得数

1. 两人分别拿好扑克牌，谁先出牌，谁就说运算方法，对方算得数。

如：甲任意抽出一张“5”字牌，乙任意抽出一张“13”（K）牌。甲说用加法计算，乙就口算 $5+13=18$；甲说用减法计算，乙就口算 $13-5=8$；甲说用乘法计算，乙就口算 $13\times5=65$；甲说用除法计算，乙就口算 $13\div5=2\cdots\cdots3$。

2. 每人出 5 道题，然后交换问答。

3. 奖惩可自定。

如：有谁输了或出错了牌，可以让他唱支短歌，或朗诵一首诗，还可以抢红花，分胜负。

活动 2：凑得数

如：甲：任意抽出一张“8”字牌。

问：“用 8 和另一个数组成一道得数是‘4’的算式，你应抽几字牌，怎样列式？”

乙：“我抽‘4’字牌，列式是 $8-4=4$”。

“我抽‘2’字牌，列式是 $8\div2=4$”。

1. 每人出 5 道题，然后交换问答。

2. 奖惩可自定。

如：有谁输了或出错了牌，可以让他唱支短歌或朗诵一首诗，还可以抢红花，分胜负。

【知识链接】

此游戏与掌握 100 以内数的四则运算的知识点相对应。你们可以在课内运用，课外小朋友们也可以经常玩这种游戏，你们的计算能力可得到迅速提高。

通过这种游戏的多次训练，可以培养小朋友思维的灵活性和敏捷性。

【趣味拓展】

巧算 24 点

两小朋友手里分别拿好一副扑克牌，每人任意抽出两张牌，可用加减乘除和括号，看谁用的方法多或谁先算出得数等于 24，胜者赢得四张扑克牌，直到将对方手中的牌全赢过来为止。

执笔人：王妍

会动的小红旗

大家玩一个平移小旗的游戏。请一个小朋友到白板上听口令完成平移动作，其他小朋友在下面，举起你的右手，跟着一起做。

【游戏说明】

通过生动有趣的画面紧紧地吸引了小朋友的目光，让他们产生了浓厚的兴趣。此时，提出问题：你能根据这些物体运动的方式给它们分分类吗？这既顺应了小朋友的思维，又让小朋友初步感知了平移和旋转这两种运动现象。并会直观地区别这两种常见现象。

【游戏内容】

举例：

拿出你手中的小红旗。

（1）摆放在桌子上

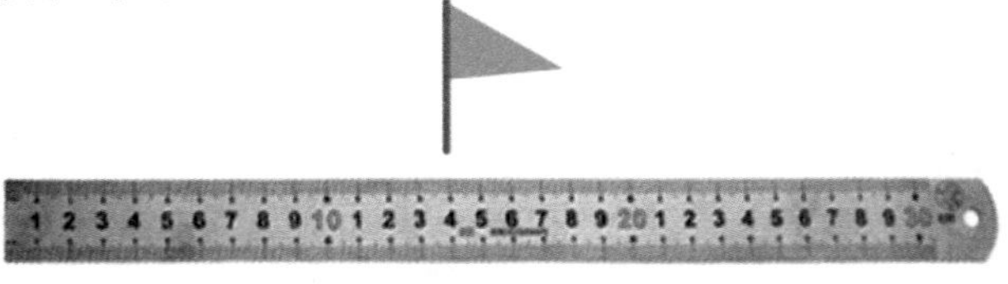

（2）慢慢向上推移

（3）慢慢向下移动

（4）慢慢向左推移

（5）慢慢向右推移

在平移的过程中，小红旗的方向有没有改变？

（6）回到原位，慢慢向右旋转小红旗

（7）继续慢慢向右旋转

（8）再继续慢慢向右推移

在旋转的过程中，小红旗的方向有没有改变？

【知识链接】

《平移和旋转》是北京版小学《数学》二年级上册第四单元的内容。它是把小朋友日常生活中常见的平移和旋转现象作为学习与研究的对象，从运动变化的角度认识空间与图形。从数学意义上讲，平移和旋转还是两种基本的图形变换，对于帮助小朋友建立空间观念，掌握变换的数学思想方法有很大的作用。教材从现实生活中的实例引入，抽象出数学概念，通过设计形式多样的活动，让小朋友们通过动手操作，深入理解概念，体现了知识形成的完整过程。

【趣味拓展】

下面物体的运动你知道哪些是平移哪些是旋转吗？平移的打 √，旋转的画 0。

执笔人：张怡

有余没鱼

小朋友们喜欢这些小鱼吗？我们一起来做个游戏，看看谁能把小鱼带回家。

【游戏说明】

在游戏过程中进一步理解有余数的除法算式的含义，明确余数比除数小的概念。

【游戏内容】

把小朋友分成若干小组，每组四个小朋友。每组1–10的数字卡片。每个小朋友随意抽出2张扑克牌，用扑克牌上的数做除法，正好整除得1条鱼。如抽出的数都不能“整除”，那谁剩下的数最小，谁就得1分。指出别人的错，并正确帮助了别人得2条鱼，最先获得5条鱼者获胜。

举例：

第一轮

小朋友1：抽到1张8，1张2,8除以2等于4。

小朋友2：抽到1张31张7,7除以3等于2余1。

小朋友3：抽到1张5张9，9除以5等于1余4。

小朋友4：抽到1张21张5,5除以2等于2余1。

小朋友1正好整除，得1条鱼。

第二轮

小朋友1：抽到1张7,1张4,7除以4等于1余3。

小朋友2：抽到1张31张7,7除以3等于2余1。

小朋友3：抽到1张5张9，9除以5等于1余4。

小朋友4：抽到1张21张5,5除以2等于2余1。

小朋友2小朋友4余数最小各得1条鱼。

按此规则进行，先得5条鱼的学生获胜。

【知识链接】

《有余数除法》是北京版小学数学二年级下册第一单元内容。生活中，我们平均分一些物品时，常常会出现“正好分完”和“分后还有剩余”两种情况：二年级学习的表内除法就是研究“正好分完”的情况。《有余数的除法》就是研究“分后有剩余”的情况，这部分内容是表内除法知识的延伸和扩展，也是今后继续学习除法的基础，具有承上启下的作用。这个游戏可以帮助你们认识余数，感知、理解有余数除法的意义。能根据平均分有剩余的情况写出除法算式，学会有余数除法的计算方法。通过自主探究懂得余数要比除数小的道理。

【趣味拓展】

圈一圈，填一填。

（1）22个橘子，平均分给5个小朋友，每个小朋友分到______个。还剩______个。

□ ÷ □ = □（个）…… □（个）

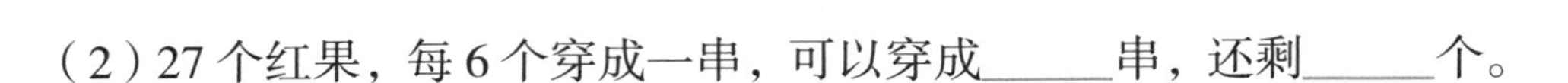

（2）27个红果，每6个穿成一串，可以穿成______串，还剩______个。

□ ÷ □ = □（串）…… □（个）

执笔人：张怡

听口令做一做

听口令做一做是个有意思的游戏，让我们从玩中感受数学带来的快乐吧！

【游戏说明】

小朋友学了辨认地图上的八个方向后，进行游戏环节。通过游戏正确辨认八个方向。在游戏中，培养反应能力、判断能力。

【游戏内容】

活动 1

八个人围成一个圆圈，一人站在中间，是口令官。随意说出一个方向，站在相应方向的做出反应，做对的接着玩游戏，做错了的就换其他人。

举例：

上去九个人，其中一人站中间，是口令官，另外八个人围成一圈。

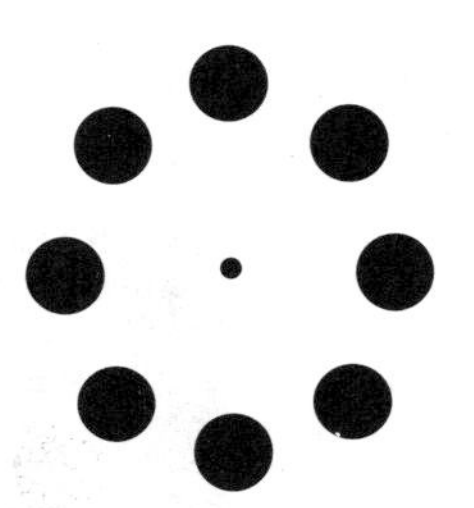

口令官：请我的东北方向的朋友举手，东北位置的就举手。请我西南方向的朋友拍拍手，相应位置的人拍拍手……

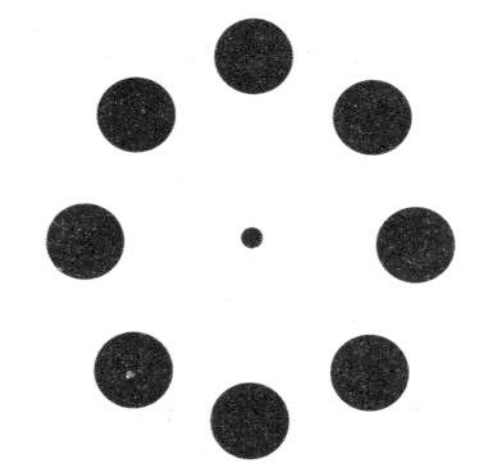

如果没有及时做出动作或者别的位置的人做动作就算输，换其他人继续。

活动 2

三人一组，一人口令，另外两人比赛，看谁做得又对又快。

举例：两人各拿出八个方位的方向板，以及相应的水果图片。

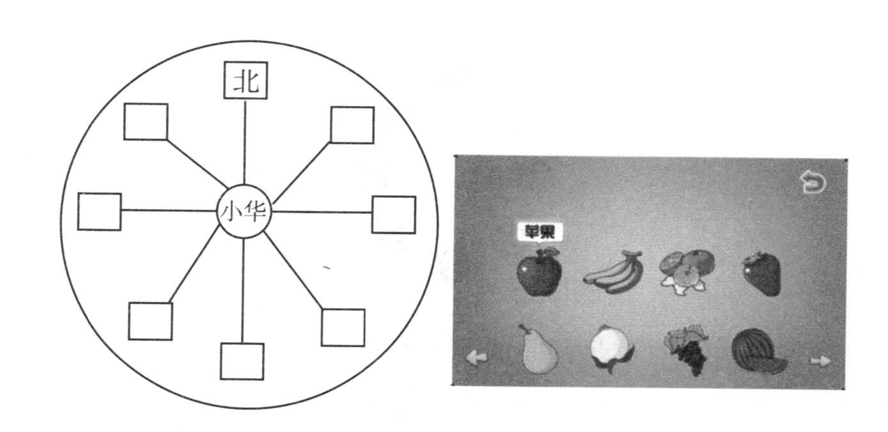

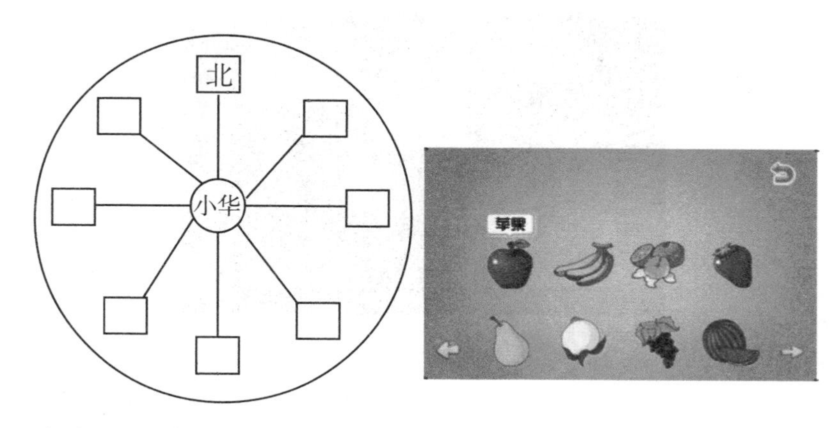

口令官喊口令，在东北方向摆苹果，另外两人迅速把苹果放在方向板上，谁快加一分，最后谁分得多谁获胜。

【知识链接】

教材中其中一项是介绍指南针，小朋友了解指南针后，可以阅读课外小资料，扩展知识窗。在掌握知识的基础上体会古代人民的智慧，从而产生自豪感。

古代罗盘

它具有指方向的磁针和显示方位的刻度盘。把罗盘装在船上，可以为人们航海指引方向。大约在800年前，我国发明的罗盘传到了非洲、欧洲，世界各地才有了指示方向的仪器。这是中国人民了不起的伟大贡献。这大大促进了世界各国的交往和科学、文化、经济的发展，我们为祖国古代劳动人民对世界科学技术的发展所作出的贡献而倍感自豪。在欧洲的文字记载中，首次提到磁罗盘是在1190年。所以我国使用磁罗盘的历史比欧洲人至少早1500多年。

司南

早在两千多年前汉（公元前 206 －公元 220 年），我们的祖先就发现山上的一种石头具有吸铁的神奇特性，并发现一种长条的石头能指南北，他们管这种石头叫做磁石。古代的能工巧匠把磁石打磨凿雕成一个勺形，放在青铜制成的光滑如镜的底盘上，再铸上方向性的刻纹。这个磁勺在底盘上停止转动时，勺柄指的方向就是正南，勺口指的方向就是正北，这就是我国祖先发明的世界上最早的指示方向的仪器，叫做司南。司南的“司”就是“指”的意思。

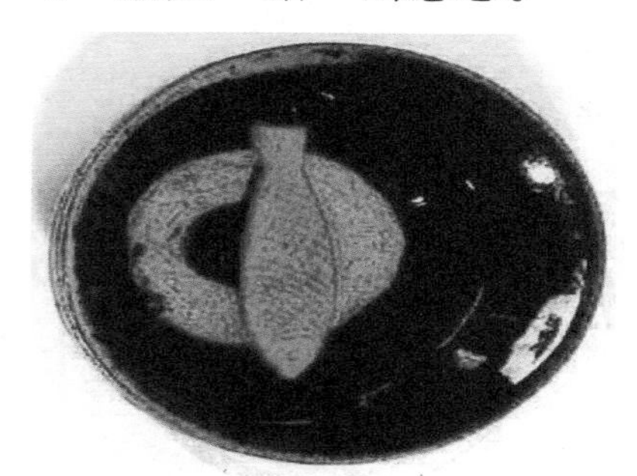

指南鱼

大约在北宋初年，我国又创制了一种指南工具——指南鱼。是北宋四种指南针之一。因此到了北宋时代，由于军事和航海等需要和材料与工艺技术的发展，先后利用人造的磁铁片和磁铁针以及人工磁化方法制成了在性能和使用上比司南先进的指南鱼。指南鱼的制法最早出现在北宋的《武经总要》（公元 1044 年）书中，大意是将铁片剪成首尾两端尖锐的鱼形，放在炭火中烧红后取出，使尾部指向北方斜放入水中。将这样制成的指南鱼放在水碗中便可指示南北方向。

指南针和罗盘的祖先是一样的，都叫司南，司南也有很多信息的，后来根据作用的不同，指南针侧重于方向，而罗盘则被风水先生利用了，后来航海用的罗盘刻度很精密，带有详细的角度，也是罗盘的一种

指南针更侧重于方向，而罗盘因刻度精密，包含的知识很多，被风水先生作为风水测量工具。罗盘与指南针虽是不同的两个物体，但是它们有同一个祖先，就是司南。所以，罗盘与指南针可以说是兄弟，它们长得很像，但是又有各自不同的意义。

【趣味拓展】

1. 走进游乐园大门，正北面有花坛和高空观缆车。花坛的东侧是过山车，西侧是旋转木马。卡丁车和碰碰车的场地分别在游乐园的西北角和东北角…… 根据小健的描述，把这些游乐项目用序号标在适当的位置上。

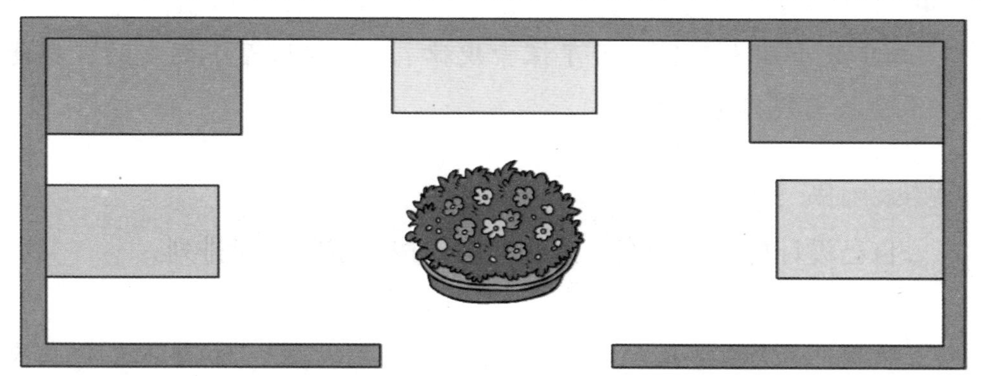

①过山车 ②旋转木马 ③卡丁车 ④碰碰车 ⑤高空观缆车

2. 补充完整

东（　）西（　）　　东（　）西（　）

南（　）北（　）　　南（　）北（　）

3. 我知道

（1）早晨太阳从（　　）升起 。

（2）树叶茂密的方向是（　　）方。

执笔人：仇立民

找规律猜图形

我们已经学完找规律。现在我们来做个游戏，名字叫找规律猜图形。

【游戏说明】

每组都摆放着图形卡片。以小组为单位进行活动。

【游戏内容】

组长按自己心中排列的顺序摆出图形，其他小朋友根据自己观察的规律猜出下一个图形卡片是什么，谁先猜出谁得一朵红花，最后谁得到的红花最多谁是最终优胜者。

【知识链接】

二年级小朋友已经学习了探索规律，此游戏培养小朋友的观察能力，很快找出规律进行判断。

【趣味拓展】

自己设计好看的图案，这些图案要按一定的规律排列。

执笔人：仇立民

福娃攻夺战

小朋友们，你们已经学习了乘法的相关知识。今天我们玩个游戏，游戏的名称叫“福娃攻夺战”。

【游戏说明】

通过“福娃攻夺战”游戏，让学生进一步掌握乘法的意义，培养小朋友的数感、发散思维能力，进一步加强小朋友对乘法意义的理解。

【游戏内容】

需要 10×10 的福娃棋盘一个， 两种福娃棋子，福娃卡片一张。每一个格子代表一块地盘，小朋友根据卡片内容占领地盘。两个小朋友通过猜拳决定谁先抽取卡片，按照卡片上的指令，就在棋盘上摆上自己的棋子，每个小朋友从哪摆放都可以，直到棋盘占满，看谁占领的多，占地多者胜利，占地少或者摆放错误的都失败。

活动 1 几个几攻夺战

第一种需要 10×10 的福娃棋盘一个， 两种福娃棋子，福娃卡片一张。每一个格子代表一块地盘，小朋友根据卡片内容占领地盘。两个小朋友通过猜拳决定谁先抽取卡片，按照卡片上的指令，就在棋盘上摆上自己的棋子，每个小朋友从哪摆放都可以，直到棋盘占满，看谁占领的多，占地多者胜利。

举例：

甲抽取卡片，卡片内容是 3 个 6，甲在棋盘上摆上自己的福娃棋子，占地必须表示 3 个 6。

乙抽卡片，如果卡片内容是 2 个 3，也可以再棋盘上占地盘，甲在接着抽取。如果卡片内容是 9 个 9，乙就要在棋盘上摆 9 个 9，要把甲的拿掉。

甲第二次抽取卡片，如果卡片内容比 9 个 9 小，甲则不能占地，如果比 9 个 9 大，甲则可以占地。

……

这是最初级的玩法，小朋友经过几轮以后很容易掌握游戏规则，培养初步的数感，培养发散思维能力，进一步加强对乘法意义的理解。

活动 2 乘法攻夺站

随着游戏的推进，升级版的“福娃攻夺战”涉及乘法，卡片内容是乘法算式，小朋友不但要占领高地，还要记录占领了多少个、失去多少个，最后结果是什么。

升级版的“福娃攻夺战”不但培养了小朋友的注意力，掌握了乘法的意义，还是小朋友进行了口算的练习。

【知识链接】

这个小游戏与教材中“乘法的意义”对应的，小朋友在学习了乘法后，你们可以在课上或课下玩这个游戏，巩固数的认识增强数感，培养注意力及口算能力。这个游戏同样适用于加法、减法的练习。

【趣味拓展】

1. 拆阵地：甲乙轮流取下福娃棋子，每次只能包括 10 以下的棋子，最后一个棋子谁取走，谁胜利。

执笔人：杨雪飞

老狼老狼几点了

小朋友们，你们已经认识了时间。今天我们玩个游戏，游戏的名称叫“老狼老狼几点了”。

【游戏说明】

通过“老狼老狼几点了”游戏，进一步掌握时间，培养小朋友的思维能力。

【游戏内容】

画一个钟表，老狼在圆心，小羊在圈外，小羊要边往圆心走边为老狼几点了，在老狼未报出时间前，被小羊摸到，老狼输，小羊胜；

老狼在报出准确时间后，小羊要向准确的时间方位跑，跑错时间或被老狼捉住，小羊输，老狼胜。

活动 1　整点玩法

第一种画一个钟表，老狼在圆心，小羊在圈外，小羊要边往圆心走边为老狼几点了，在老狼未报出时间前，被小羊摸到，老狼输，小羊胜；老狼在报出准确时间后，小羊要向准确的时间方位跑，跑错时间或被老狼捉住，小羊输，老狼胜。

举例：

老狼、小羊按照规定位置准备好。（见图）

小羊边走边问："老狼老狼几点了？"

老狼回答 1："稍等，看表呢"，如果听到此回答，小羊仍然可以往前走，去圈老狼，圈住老狼，小羊们胜利。

老狼回答 2："3 时了"，必须小羊必须跑向就往三点钟方向，跑错位，或者被老狼捉住，老狼胜利；如果没有捉，住小羊胜利。

……

这是最初级的玩法，学生经过几轮以后掌握游戏规则，培养初步的方位感，培养小朋友的倾听习惯和注意力。

活动 1"超时、倒退"玩法

"超时玩法"是"老狼老狼几点了"的升级版，升级版游戏前先规定出超出或者倒退的时间，在根据老狼报出的时间，进行计算并快速跑道相应位置，跑错或被老狼逮到，则老狼胜利，反之小羊胜利。老狼在未说出几点前，被小羊摸到，老狼输，小羊胜利。

“超时玩法”举例：

老狼、小羊按照规定位置准备好，规定超时的时间为 3 小时。（见图）

小羊边走边问：“老狼老狼几点了？”

老狼回答 1：“稍等，看表呢”，如果听到此回答，小羊仍然可以往前走，去圈老狼，圈住老狼，小羊们胜利。

老狼回答 2：“3 时了”，小羊快速计算 3+3=6，迅速跑向就往六点钟方向，跑错位，或者被老狼捉住，老狼胜利，如果没有捉住小羊胜利。

……

【知识链接】

这个小游戏与教材中“认识时间”相对应的，小朋友在学习了时间后，你们可以在课下玩这个游戏，巩固培养你们的时间意识，空间思维。

【趣味拓展】

星期天，起床后发现闹钟停了，我估计了一下时间，就将闹钟的时针拨到 7 时整。然后，我离家步行的博物馆，这时看到博物馆楼顶上的电子钟在 8 时 50 分。我又游玩了一个半小时后从博物馆以同样的速度返回家中。到家后，看到闹钟指在 11 时 50 分。请问，这时我应将闹钟拨到何时才是准确的?

答案：我总共用去的时间为 4 小时 50 分（7:00—11:50），除去游玩的时间一个半小时，走路的时间应为 3 小时 20 分钟。因为来去时的步行时间相等，都为 1 小时 40 分钟，并且离开博物馆开始往家走的准确时间应为 8:50+1:30 = 10:20，所以回到家里的时间应为 10:20+1:40 = 12。这时，应将闹钟拨到 12 时才是准确的。

执笔人：杨雪飞

三 年 级 篇

接力赛跑

孩子们，你们都会玩接力跑吗？今天我要教大家接力跑的一种新玩法，接力棒变成了口算卡片，看看哪组小朋友能成为今天的王者，孩子们，加油哦！

【游戏说明】

接力赛跑的游戏是想通过孩子们喜欢的接力赛跑的体育游戏来巩固各年龄段的口算方法，激发小朋友提高口算速度，增强小朋友的竞争意识，培养学生团队合作意识，激发你们学习的兴趣。

【游戏内容】

“口算接力赛跑”的游戏可以有多种玩法，我们可以分年级进行，以班级为单位，全员参与，全年级的小朋友在操场一班一列纵队站好，每个班的口算小达人拿着接力棒快速跑到 20 米外的桌子边，桌子上为参赛同学每人准备一道口算题，每人口算一题，活动开始第一名小朋友拿着接力棒跑到指定地点的桌子前，完成一道题后迅速跑回，把接力棒传给下一位小朋友，下一个小朋友接到接力棒后跑到相应地点，完成一道口算题后返回，依次这样传下去，直到最后一个小朋友完成口算题并返回为止。最后，由裁判对每班完成口算的正确率进行统计，正确率 + 速度两项成绩优先的成为“口算接力赛跑”的赢家，每个年级评出一个“口算接力赛”第一名，并由学校颁奖。

此活动，还可以在班内开展，全员参与，每个组的口算小达人拿着接力棒快速跑道黑板前，每人口算一道题，按顺序完成一题后迅速跑回自己的座位，把接力棒传给下一位小朋友，依次这样传下去，直到最后一个小朋友完成口算题并返回为止。班内评出一个“口算接力赛”第一名，班主任进行记分和颁奖。

【知识链接】

这个游戏适合不同年龄段在学习完加减乘除口算教学之后的拓展活动，将游戏与数学知识相结合，在游戏中巩固所学的口算内容，激发小朋友自主练习口算的兴趣。

【趣味拓展】

口算开火车：

小朋友们，下面咱们来玩个口算开火车的游戏，每组小朋友按顺序进行一个数加、减、乘、除的运算，看哪组先完成任务。

举例：

小朋友 1 ：68+35=103

小朋友 2 ： 103−27=76

小朋友 3 ： 76 × 6=456

小朋友 4 ： 456 ÷ 2=228

小朋友 5 ： 228+12=240

小朋友 6 ： 240−38=202

小朋友 7 ： 202 × 4=808

小朋友 8 ： 808 ÷ 8=101

……

以此类推，看哪组先完成任务，哪组就将成为今天的口算大赢家，小朋友们，快和小伙伴玩起来吧！

执笔人：祖海艳

我俩一般多

孩子们，在平时生活中，我们常常会遇到我们手中的东西与小伙伴不一样多的情况，于是，我们希望与大家分享我们的东西，那么，怎样才能一样多呢？这个过程中，也体现着数学知识呢。我们一起来分一分吧？

【游戏说明】

通过均分的过程，体会移多补少的数学思想，明白分给别人的，要是多出来的部分的一半，才能保证均分的结果。同时感受到不同的思维，会有不同的分的过程，却会得到相同的分的结果。而且，分的过程不同，分的速度也会不同。

【游戏内容】

两个人为一组，每个人手中的小棒不一样多。让他们通过分，使两个人的小棒一样多。

每个组的两个人的小棒数都固定，多组可同时比赛，看哪组分得快。也可以每个组中的两个小朋友手中的小棒都不一样多（每组之间的小棒数不等）。比哪组分得快。还可以给相同的小棒数，创造不均分的情况，哪组在规定的时间内，想出的情况多，获胜。比如：20 根小棒。可以设计为一人 1 根，一人 19 根或一人 2 根，一人 18 根等等。

游戏的目的在于体会如何在不均分的情况下，小朋友可以采用不同的形式，进行调整使得两人同样多。也可培养小朋友的逆向思维，在创设情境的情况下，学会有序思考，体会有序思考的快捷与全面性。

活动 1　接着分

分有很多种形式，小朋友最容易想到的是接着分，也就是在原有基础上，进行调整。

举例：

小朋友 1：你比我多，你得再给我几个。

小朋友 2：那我给你几个呢？

小朋友 1：你看看你比我多几个。

两个人分别数自己的小棒数。

小朋友 2：我比你多 10 根。

小朋友 1：那你给我 10 根。

小朋友 2：那样你不是就比我多了吗？

小朋友 1：对啊，我怎么没想到。那你应该给我 5 根。

小朋友 2：对，把多出来的，平均分就行了。

这个过程中，小朋友先找到同样多的部分，在把多出来的部分进行均分，得到最终的均分结果。小朋友在讨论的过程中，感受到调整的，应该是多出来部分的一半。

活动 2　重新分

重新分，是小朋友比较好理解的一种均分的方式，不需要考虑每个人已有个数的不同，只需要将所有的东西合并，均分即可。

举例：

小朋友 1：咱俩一样多，就是一人一半呗。

小朋友 2：嗯。那咱们先合起来，一分不就得了。

小朋友 1：是啊，放在一起数数一共多少个。

小朋友 2：再除以 2 就行了。

这个过程中，小朋友可以体会到，无论两个人之间怎样调整，两个人总的个数都是不变的。要想得到均分的结果，只需要将总数除以 2 即可。

【知识链接】

这个游戏，是与三年级上册数学教材中的解决问题对应的。小朋友在游戏的过程中，不仅可以帮助你们理解调整的是多出来的部分的一半，无论两个人怎样调整，总个数不变等知识，进一步体会平均分的含义，感受分的过程和不同方法。而且，对你们理解移多补少的数学思想是非常有帮助的，为后续学习，如："和差"问题等打下良好的基础。

【趣味拓展】

猜猜小红和小亮各有几张邮票？

1. 他们一共有 40 张邮票。

2. 如果小红给小亮 4 张，他们就一样多了。

答案：小红有 24 张，小亮有 16 张。

执笔人：申智辉

靠边站的长方形

小朋友们，长方形你们知道吗？它有什么特点呢？如果让它靠边站呢？你们能想象到它的样子吗？靠边站的长方形又有什么特点呢？

【游戏说明】

通过选择不同长短的小棒，让小朋友感受到靠边的长方形是由三条边组成的，其中两条边一样长。另外，小朋友会发现单独的长方形，横着放和竖着放，只是旋转了 90 度，周长和面积并没有变化。而靠边的长方形，长和宽虽然一样，周长却是不一样的。培养小朋友的动手操作能力、观察对比能力。

【游戏内容】

1. 每组提供一些小棒（2 根 1 厘米、3 根 2 厘米、2 根 3 厘米、2 根 5 厘米、1 根 6 厘米、1 根 8 厘米、1 根 10 厘米长的小棒）。小朋友可从中选择小棒，自由拼摆。画下自己拼摆的图形。画得多的组获胜。

游戏的目的在于在拼摆的过程中，感悟墙相当于一条边。体会不同的选择会有不同的结果。重在选择，培养小朋友的发散思维。

举例：

教师：请你自己选择小棒，靠边拼摆出长方形。

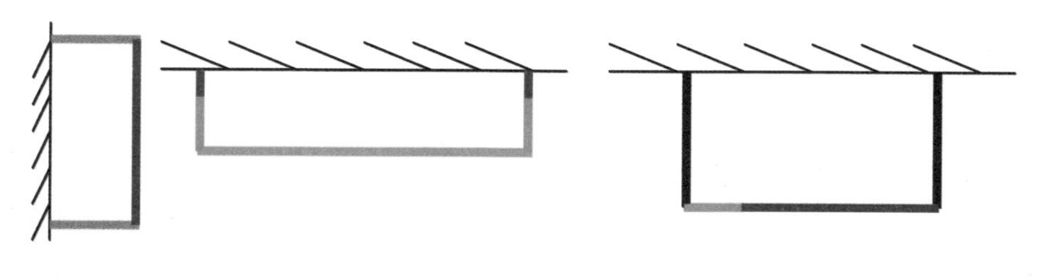

……

这个过程中，小朋友的选择明显是不同的。有的选择单一的小棒做每一条边，有的选择几根不同的小棒拼接做一条边，无论怎样，只要小朋友的思维充分打开，就会出现各种各样靠边的长方形。为后面的游戏，提供了多样的素材。

2. 刚刚我们摆了这么多的靠边的长方形，现在我们来个比赛怎么样？还用这些小棒，在只能选择3根的情况下，我说要求，摆的最快的组获胜。

要求一：周长最大。

要求二：面积最大。

要求三：摆出两个周长一样的长方形。

……

游戏的目的在于让小朋友按照要求选择图形，并进一步巩固图形的周长和面积。在计算中感受靠边图形的特点，在对比中，发现靠边图形周长和面积的规律。

【知识链接】

这个游戏，是与三年级上册数学周长和面积相关的知识。小朋友在游戏的过程中，不仅可以培养发散思维，体会周长，尤其是围篱笆的长方形的周长特点。而且能够在分类中，进行比较学习。面积、周长在比较过程中，都会得到加深和练习。

【趣味拓展】

用4个边长是1厘米的小正方形，你能摆出多少个不同的图形，试着摆一摆吧。再和小伙伴比一比，谁摆得最多。

执笔人：申智辉

速记游戏

速记，是一个非常好玩的游戏。利用课间两分钟，就可以在小朋友之间进行这种速记游戏比赛。

【游戏说明】

通过速记，培养小朋友将文字转化成数字、字母、图形的能力，同时，让小朋友学会把握数量关系。小朋友在速记的过程中，可以迅速判断条件之间的联系，把握关键语句，提高审题能力。

【游戏内容】

我说你记，可以采用任何形式、方式进行记录。看谁记得又快又准。

游戏规则：一人做小老师，负责出题。其余的小朋友作为速记游戏的参与者，采用各种形式进行记录。谁在最短的时间内，准确地记录下所有信息，即为胜利。胜利次数最多的小朋友，颁发速记小能手奖章。

游戏的目的在于小朋友能够快速地将文字与数字、字母、图形建立联系，判断出关键信息进行记录和分析。培养学生数形结合、抽象思维、审题能力等。

举例：

1. 于亮和许芳从一条道路的两端同时出发，相向而行，3 分钟相遇。已知于亮每分钟行 50 米，许芳每分钟行 40 米，这条道路长多少米？

学生记录：文字：两端，相向，3 分钟，于亮 50 米，许芳 40 米，路长？

画图：

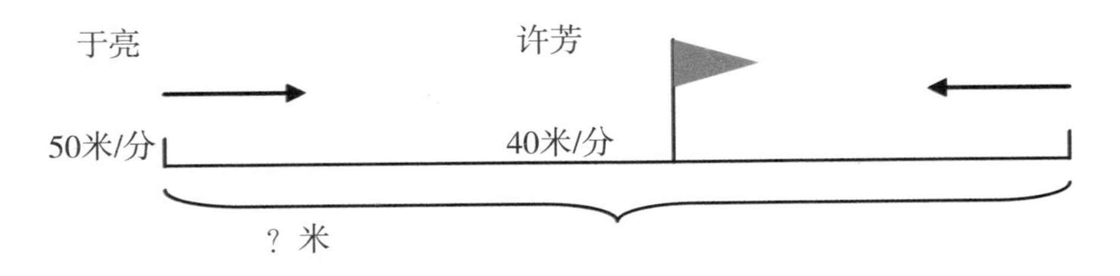

2. 一个五位数，最高位上是 8，个位上是 3，十位上的数字是个位上数字的 3 倍，每相邻的三个数位上的数字和是 18，这个五位数是多少？

学生记录：A B C D E　　A+B+C=18

　　　　　8　9 3　　C=18−9−3

【知识链接】

这个游戏，平时可以多玩一些。看似很简单，但是对于你们的成长来说，是非常有好处的。波利亚提出的解决问题步骤中，有很多都可以这个游戏来解决，当然，也可以帮助你们锻炼解决问题的能力。

【趣味拓展】

下面是小明速记的信息，请你用文字将这道题进行恢复。

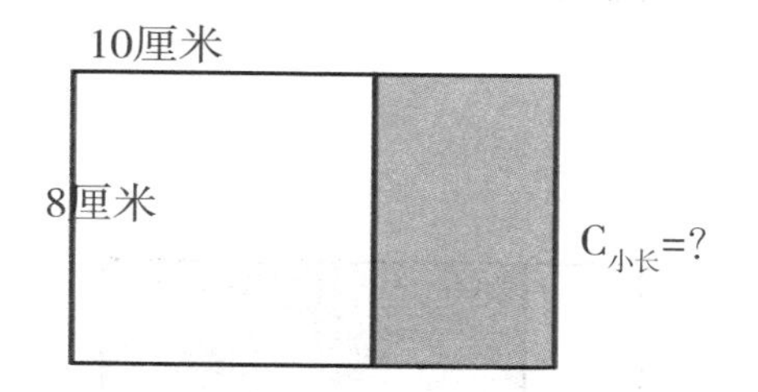

执笔人：申智辉

推一推，我变没

今天，我带来两张一模一样的纸。一会儿，我们就来用这两张，玩一个简单的游戏。游戏就是想让大家看一看，他们的面积变没变？

【游戏说明】

通过推动纸张，感受到纸张之间有了重合，面积就会变小。当推到一定程度的时候，重合的部分会在一段距离内保持不变，这时候，虽然重合后组成的图形是不一样的，但是图形的面积却不再发生变化。这一点，是小朋友很难理解的。因此，采用这样的游戏方式，更加深刻地感受图形的平移，和随着这种平移，图形间变与不变的关系。也可以让小朋友感受这个过程中，组合图形的周长变化。

【游戏内容】

举例：

拿出你手中的两张一模一样的长方形纸，长 5 厘米，宽 2 厘米。

（1）像我这样拿在手上。

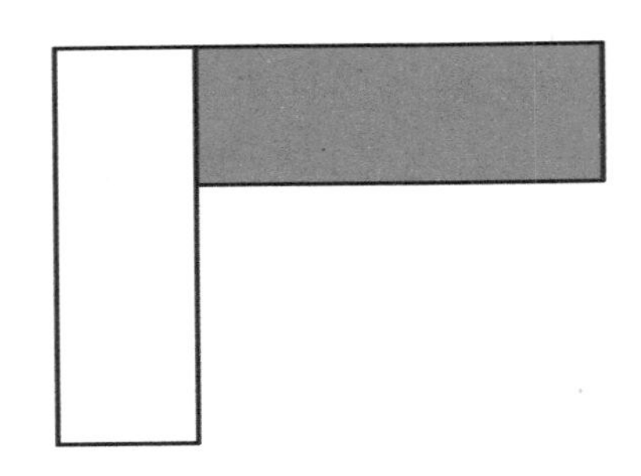

（2）慢慢向右推移。

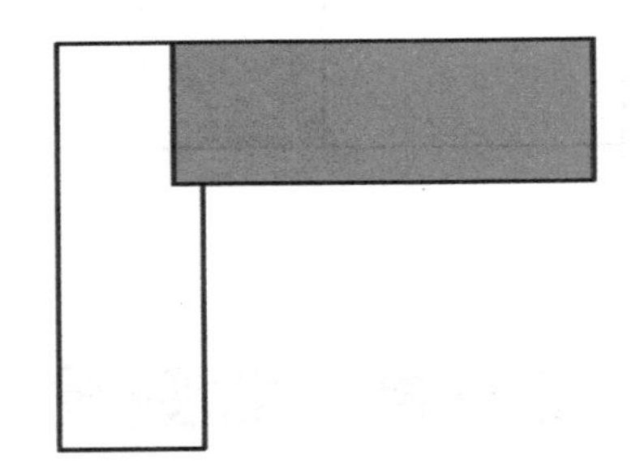

两个图形的面积和是否发生变化？

（3）继续慢慢向右推移。

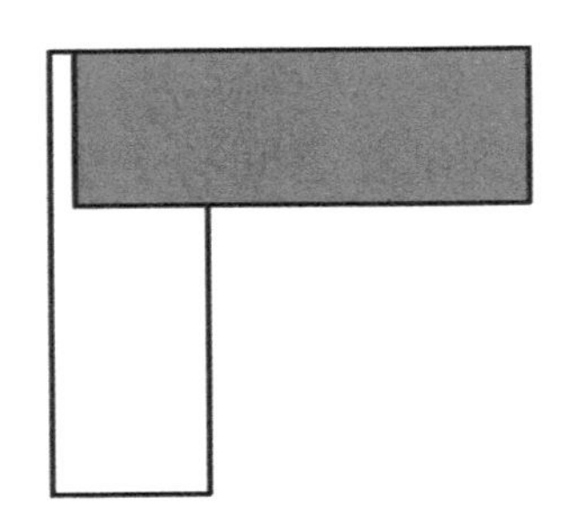

两个图形的面积和发生了怎样的变化？

（4）继续慢慢向右推移。

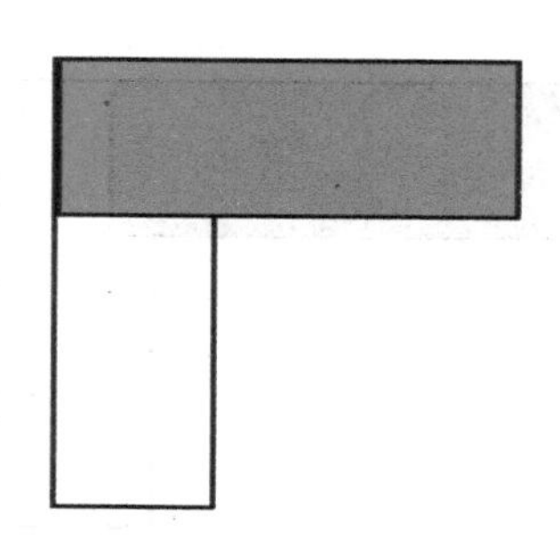

两个图形的面积和是多少？

（5）继续慢慢向右推移。

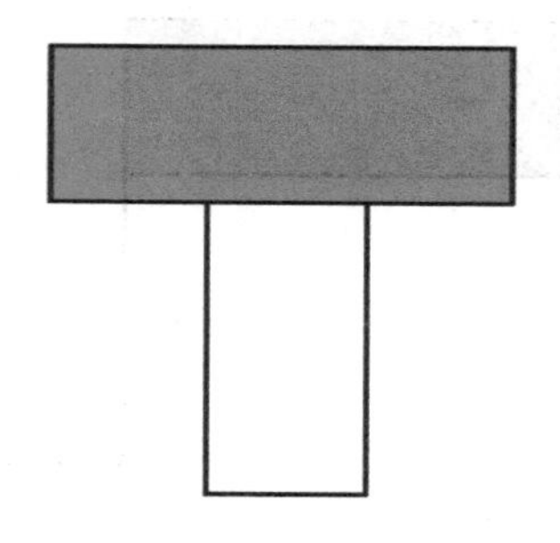

两个图形的面积和是多少？

（6）继续慢慢向右推移。

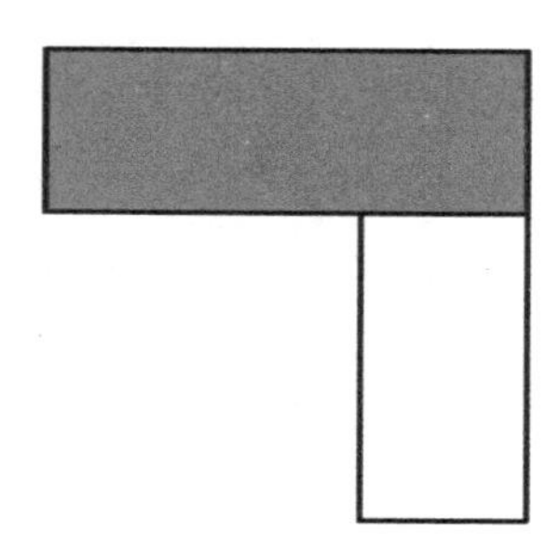

两个图形的面积和有没有变化？

（7）继续慢慢向右推移。

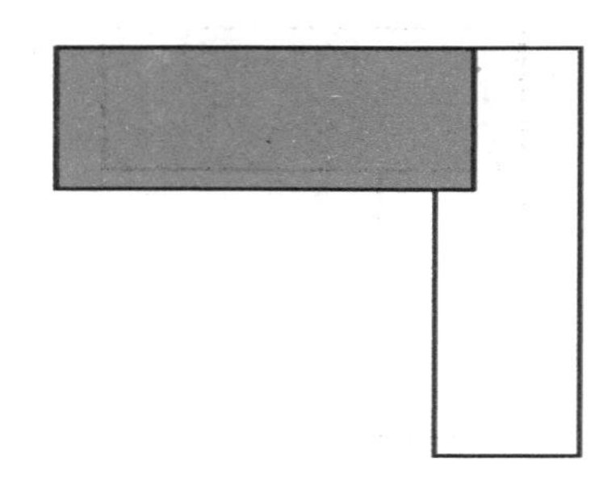

两个图形面积和有没有变化？

（8）继续慢慢向右推移。

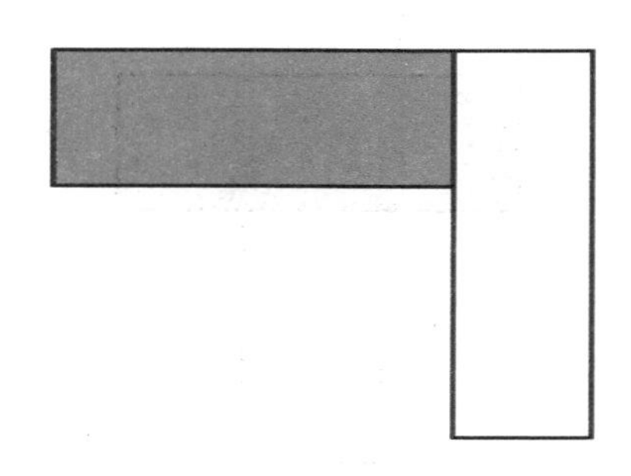

两个图形面积有没有变化？

游戏目的在于感受到重叠会导致面积变小，面积是可以直接相加减的。随着推移，重叠的部分不变，即便形状仍然在发生着变化，但是面积是保持不变的。

【知识链接】

这个游戏，可以在你们学习完周长与面积这一单元的知识之后，和小朋友玩一玩。不仅可以巩固对周长和面积的理解。还可以让你们在动态的过程中，理解组合图形的周长和面积的变化，体会动中有静、静中有动。感受变与不变的相互转化。

【趣味拓展】

两个长 8 厘米、宽 3 厘米的长方形，组成新的图形，图形的周长和面积？

执笔人：申智辉

创意数学

孩子们，我们已经认识了面积，也知道了 1 平方厘米，如果，给你们一张方格纸，你们能否画出 1 个 6 平方厘米？还有你们能不能展开想象，画出五彩缤纷的 6 平方厘米呢？

【游戏说明】

通过小朋友自己创造 6 平方厘米的过程，打破固定的长方形的思维模式，充分发挥自己的想象力，创造出各种各样的 6 平方厘米，同时感受只要是 6 个小方格，形状的变化便不会影响面积的改变，进一步加深对面积的理解。

【游戏内容】

游戏规则：本游戏以课间游戏为主，由班长作为出题者，任意给出不同的面积作为创设目标，小朋友在方格纸上独立创作。创造图形超过 5 个为胜利者（通过旋转得到的另一个图形不算），奖励创意小能手奖章一个。

游戏的目的：通过创造相同面积的不同图形，培养小朋友的发散思维，加深对面积的理解，同时，让你们感受数学的乐趣。

举例：

班长出题：请大家展开自己的想象，创造出形态各异的6平方厘米。

学生开始创作，展示。

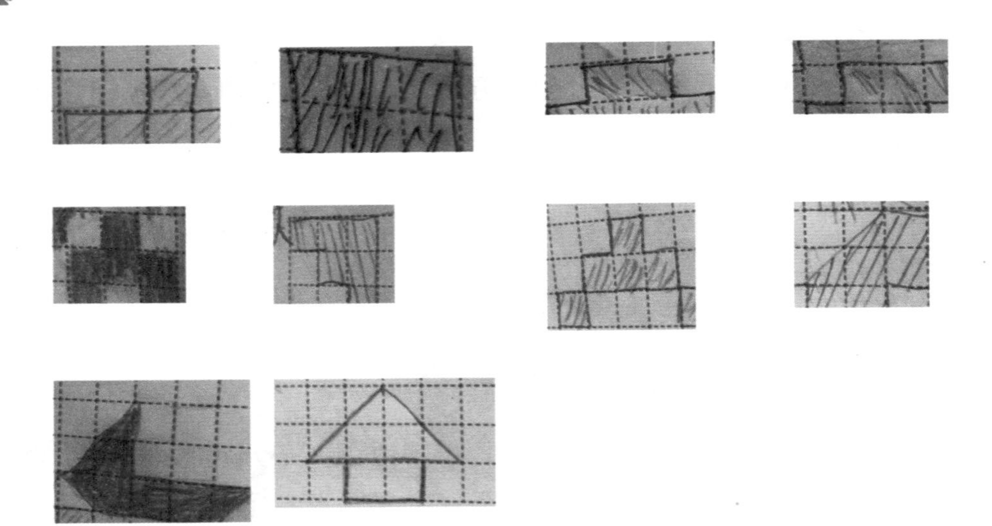

【知识链接】

这个游戏，是与三年级下册长方形和正方形的面积这一单元对接的。在游戏的过程中，最初是没有太多想法的，但是通过小朋友间的互相启发和交流，逐渐地打开自己的思路，展开想象，不断地创造出千姿百态的6平方厘米。这个过程小朋友不仅对面积有了更深层次的理解，而且培养了小朋友的发散思维，创造能力，还将美学融入其中。小朋友为了创造出不一样的6平方厘米，加入了三角形的设计，而随着这一设计的出现，小朋友就必须主动地找寻验证求解三角形面积的方法，使得小朋友渐渐地突破了五年级的知识水平。应用三角形进行再设计的过程，也打破了你们对面积的认识，打破了固定的面积单位的形式。

【趣味拓展】

出示任意三角形，请你试着算出三角形的面积（可以采用任何你可以求解的方式进行求解）。

执笔人：申智辉

我是小小设计师

孩子们，在平时生活中，我们常常会遇到各种各样精美的图案，这些图案都给我们带来了美的享受，其实这些美丽的图案，很多都是人们利用数学中的基本图形，加上适当地旋转、平移、对称等创造出来的，那你们想不想成为小小设计师，创造属于自己的独特的图案呢?

【游戏说明】

通过小朋友创造图形的过程，加深对于图形特点的认识，同时，让小朋友更深层次的理解平移、旋转、对称，在设计的过程中，也会对这些知识进行运用，操作练习，从而有效地掌握这些知识。而在这个过程中，不再是强迫地、被动地、机械地对知识的练习巩固。

【游戏内容】

本游戏以课间游戏形式为主，由班长作为出题人，任意给出基本图形，小朋友在此基础图形的基础上，采用旋转、平移等数学知识，对基本图形进行创造、改编，从而设计出精美的图案（可以是单个图形的设计、也可以是花边设计，亦或者是密铺设计等）。

游戏目的：通过小朋友自己创造图形，培养自己的发散思维，美术创作等能力。同时，让小朋友主动地使用数学中的旋转、平移等知识，在感受这些知识的应用过程中，巩固练习这些知识。而且在这个过程中，小朋友可以加深对数学基本图形的认识，对图形的特点等有更深层次的理解。

举例：

班长出题：请大家展开自己的想象，用 作为基本图形，通过旋转、

平移等知识，设计出精美的图案。每设计出一种，奖励小小设计师奖章一个。并在设计结束后，对大家的设计作品，进行评选，评出最具创造奖和精美设计奖，将相应的作品，在壁报中展示。

学生开始创作，展示。

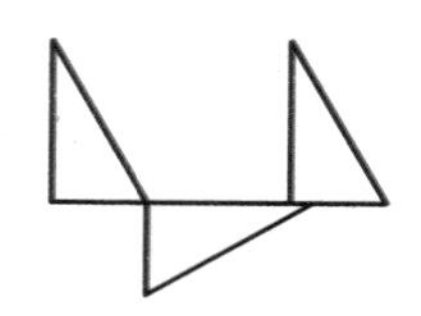

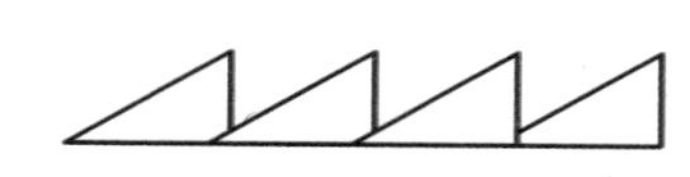

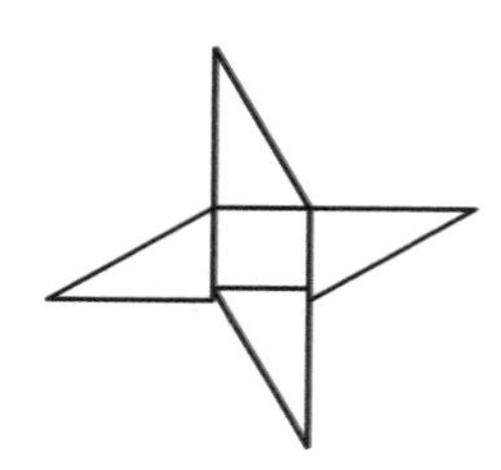

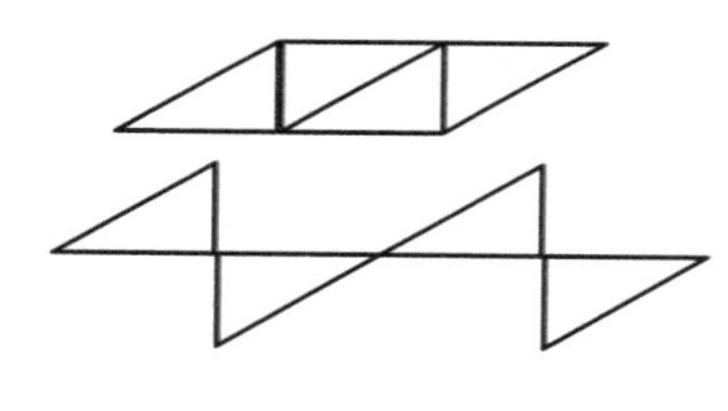

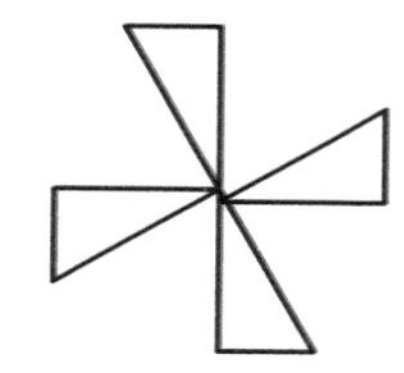

……

【知识链接】

这个游戏，是与四年级下册数学教材中的图形变换相对应的。在游戏的过程中，小朋友可以充分地展开自己的想象，结合基本图形本身的特征，利用平移、旋转、对称等各种数学知识，设计出各种各样精美的图案。在这个过程中，达到对平移、旋转的深入理解和熟练运用。同时，培养小朋友的审美和创造美的能力。

【趣味拓展】

密铺是指用形状、大小完全相同的一种或几种平面图形进行拼接，彼此之间不留空隙、不重叠地铺成一片，这就是平面图形的密铺，也叫图形的镶嵌。生活中，密铺现象非常常见，请你研究一下，什么样的图形可以进行密铺。

答案：完全相等的三角形、四边形等

等边三角性、正方形、正六边形

正八边形和正方形组合

……

执笔人：申智辉

趣味数 3

小朋友们，数数你们都会吧？但是今天游戏中这样的数数，你们未必会数得好呢，数错的同学可是要受到惩罚的呦！快来试试吧！

【游戏说明】

通过趣味数 3 游戏，复习和巩固有关因数是 3 的乘法，让小朋友能够快速准确的计算。在参与活动中培养你们的倾听能力、反应能力和计算能力。

【游戏内容】

在趣味数 3 游戏中，小朋友们以组为单位（一般不超过 10 人）围成一圈，由任意一人起，从 1 开始顺序数数，当数到带有数字 3 或是 3 的倍数的数字时，则不能数出来，要用击掌的方式来代替这个数。如果数了出来，则为失败，将会被淘汰。

游戏的目的在于熟练掌握因数是 3 的乘法的计算，以及更好地训练小朋友的反应能力和思维的敏捷性，为后续因数是两位数的乘法打下坚实的基础。

举例：

10 个小朋友围成一圈，1 号小朋友开始报数 1，接下来按顺时针方向，下一位小朋友继续报数 2，下面要报的数字是 3，因为这个数字是 3 的倍数（1 倍）所以，接下来的小朋友就不能报 3，而应该用一次击掌来表示。游戏继续，后面的小朋友接着报数 4……当报到 11 时，后面要出现的数字是 12，而 12 也是 3 的倍数，所以也需要用击掌一次来表示，请注意：击掌后，下一位小朋友继续报数，应该出现的是数字是 13，因为 13 这个数中带有数字 3，所以也不能报出来，也要用一次击掌来表示。如果哪位小朋友错误地报出了数字，则他将被淘汰出局。

游戏中，会出现接连几个数字都不符合题目要求的（如，上面举例中的 12、13）所以游戏时，不仅需要小朋友认真倾听前面小朋友的发言，更要用心思考自己接下来要面对的数字的具体情况，计算分析后再作出判断，才能做游戏中的常胜将军！

【知识链接】

这个小游戏与教材中一位数乘法的知识点是对应的，在学习了因数是一位数的乘法后，你们可以在课上或课下玩这个游戏，巩固一位数乘法的计算，提高小朋友的口算能力，培养倾听和反应能力。

【趣味拓展】

上面的游戏叫“趣味数3”，我们还可以玩趣味数7、数8、数9游戏，随着游戏难度的增加，可以更好的训练我们思维的灵活性与敏捷性，从而达到对因数是一位数乘法快速而准确计算的目的。

执笔人：吴立红

指令游戏（1.2.3）

小朋友们，这个小游戏可以更好的测试我们听到指令后的反应能力，要想更好的参与游戏，需要用到我们学过的方向与位置这一知识为指导。你们愿意挑战一下吗？

【游戏说明】

通过指令游戏，复习巩固位置这个知识点，感受到生活中处处有数学，发展初步的空间观念，在参与活动中培养小朋友倾听能力和应变能力。

【游戏内容】

在指令游戏中，小朋友们要按照小老师的指令在3秒内准确做出动作，如果未按要求完成，（参与动作的人错了，或是做错了动作）都视为失败。

游戏的目的在于让小朋友学会倾听，并结合所学的位置知识，清晰自己的位置所在并及时做出反应，顺利进行游戏。

举例：

按照班级里小朋友的座位，教师发出指令：请第3列第4名同学起立，听到指令后，班上坐在这个位置上的小朋友就要迅速起立，如果他做对了，全班小朋友给予击掌一次表示鼓励，如果他做错了，则要受到惩罚。指令尽量多样化，如：请第5列第6名小朋友模仿一下小猫的叫声，请第1列第6名小朋友唱拍拍手，请第4列第2名同学说一句“我真棒”……

游戏的指令一定要多样化，尽量不重复，以便调动小朋友多种感官参与游戏，激起小朋友游戏的热情，让游戏更加生动有趣。

【知识链接】

这个小游戏与教材中方向与位置是对应的，在学习了方向与位置后，你们可以在课上或课下玩这个游戏，可以更好的巩固这一知识点，同时培养小朋友的空间观念、倾听能力和应变能力。

【趣味拓展】

1. 请大声喊出我的名字：

在黑板上依次写出几组数对，小朋友们大声喊出这个座位上小朋友的名字：（4，4）（3，1）（5，6）（6，5）

2. 互换位置：请这两个小朋友互换座位。

（3，5）与（5，3）　　（1，4）与（4，1）

执笔人：吴立红

扑克游戏

小朋友们，扑克牌在我们的生活中很常见，相信同学们也都会玩吧，今天我们还可以利用扑克牌进行一项有趣的小游戏，它可以大大提高我们的计算速度，快来试试吧！

【游戏说明】

通过这款扑克游戏，会使你们更熟练的计算一位数乘法及个别简

单的两位数乘法的计算，在游戏中培养和提高你们的计算能力，观察能力及竞争力。

【游戏内容】

在扑克游戏中，两人一组用去除掉大小王后的 52 张扑克牌进行游戏。其中 J、Q、K 分别代表 11、12、13。任意取出两张牌，平放在桌面上，算出牌面上两个数字的乘积，算得快的人获胜，将赢得这两张牌。当最后取完这 52 张扑克后，手中扑克牌数多的小朋友为这场游戏的最终获胜者。

游戏的目的在于你们要认真观察，迅速计算，提高计算自己的计算能力。

举例：

洗好牌后，每人从上面取出一张牌，同时放在桌面上。

小朋友 1：取出的牌是 8。

小朋友 2：取出的牌是 9。

小朋友 1：72，（$8\times9=72$）在这局游戏中，由于小朋友 1 最先喊出牌面上两个数的乘积，因此他获得了胜利，这两张扑克牌将归小朋友 1 所有。

再如：

小朋友 1：取出的牌是 12，

小朋友 2：取出的牌是 11

$12\times11=?$ 这道题的计算涉及到两位数乘 11 的速算，在这里可以给大家稍做指导：一个两位数乘 11 的速算方法是：两边一拉，中间一加。即：把那个两位数（12）十位和各位上的数字分别拉开，作为积的首位和末位数字（1×2），积的中间数字为那个两位数十位数字与个位数字之和（1+2）。所以，$12\times11=132$。

在游戏中还涉及 12×12,13×13 和 12×13 这三个两位数乘两位数

的计算。建议小朋友们用速记的方法把这三个算式的结果记下来，这便于提高我们的计算水平。

（$12\times12=144,13\times13=169,12\times13=156$）

【知识链接】

这个小游戏与教材中一位数乘法的计算是对应的，在学习了一位数乘法后，小朋友可以在课上或课下玩这个游戏，巩固一位数乘法的计算，提高你们思维的敏捷性和计算水平，在游戏中培养竞争能力。

【趣味拓展】

你能快速说出下列算式的结果吗？

$14\times11=$　$11\times25=$　$72\times11=$　$84\times11=$

最后一题答案及分析：$84\times11=924$

分析：根据一个数乘 11 的速算方法（两边一拉，中间一加）在这道题里，小朋友们要注意：中间一加（8+4=12）需要进位了，所以，那个两位数的十位数字不能直接拉下来作为积的首位，需要加上进上来的 1 后作为积的首位数字，即（8+1=9）积的首位数字就由题目中的 8 变成了 9，末位和中间数字不变。

相信小朋友们，玩了这款扑克游戏，一定会让你们越来越聪明哦！

执笔人：吴立红

可能性游戏

孩子们，我们来做个游戏吧！我这里有一个硬币，你们猜猜会在哪只手？

小朋友 1：左手！

师：你确定吗？能在左手之前加一个词吗？

小朋友 1：可能在左手。

师：可能这个词用得好。谁还会用？

小朋友 2：可能在右手。

师：当事情的结果有两种或两种以上的情况，不确定时，我们通常用“可能”这个词来表述。

师：看来大家的意见不一致，老师来帮帮你们吧。（张开空着的左手，再重新握紧拳头）这回可能在左手吗？

小朋友：不可能。

师：当事情的结果确定不会发生时就用“不可能”来描述。

师：不可能在左手，那可能在右手吗？

小朋友：一定在右手！

师：为什么那么肯定在右手呢？

小朋友：老师有两只手，硬币可能会在左手，也可能会在右手，但现在已经知道左手没有硬币，就不可能在左手，一定在右手了！

师：说得真好，看看猜得对不对？（张开右手验证：一定在右手）

师：当事情的结果确定会发生时，我们就用“一定”来表述。

师：通过刚才的游戏，我们知道事情发生的结果一般有三种情况：可能、不可能、一定。下面我们就来玩一个和这个内容相关的游戏，玩这个游戏需要掌握以下知识。

【游戏说明】

1. 通过猜测、实验与验证交流，初步体验有些事件发生是确定的，有些则是不确定的，感受事件发生的可能性。
2. 能结合自己已有的生活经验用“一定”、“可能”、“不可能”描述一些简单事件的可能性，并能简单地说明理由，提高自己的表达能力和逻辑推理能力。
3. 进一步体会事件发生的不确定性，体会可能性的大小。

请你用“可能、不可能、一定”说一句话。

【游戏内容】

拿一副扑克牌，一副扑克牌有 54 张，从中拿出大王、小王后还剩下 52 张，这 52 张包括红桃、黑桃、草花、方片每种花色都有 13 张。

任意拿出 13 张牌（　）有方片；（填可能、一定或不可能）

任意拿出 40 张牌（　）有红桃；（填可能、一定或不可能）

任意拿出(　)张牌，就一定有两张同花色。(填可能、一定或不可能)

解决这一题目之前，首先要拿出一副扑克，了解一副扑克的组成，知道“花色”的含义，在对扑克非常熟悉之后，再来讨论这一题。第二，解决本题的策略是，不好作出判断时，要从最糟糕的情况入手考虑。

第一个问题：任意 13 张牌，可能没有方片，也可能有方片，所以应该填“可能”。请同学们想一想：如果把题中的“13”，换成比“13”小的自然数呢？显然答案不变；如果把题中的“13”，换成比“13”大的自然数呢？可以从足够大的数和不够大的数考虑，例如“26”、“52”张牌，得出当牌的张数足够大时，答案会改变，变成“一定”，过渡到第二个问题。

第二个问题：从最糟糕的情况入手，假设先拿出的是 13 张黑桃、13 张方片、13 张草花，共 39 张扑克。因为，大王、小王都被除掉了，剩下的只有红桃，所以第 40 张拿出的肯定是红桃。因此，40 张扑克里

至少有一张红桃，题目的答案是“一定”。

第三个问题：仍然要从最糟糕的情况入手，假设前四张牌拿到的依次是红桃、黑桃、草花、方块，那么第五张拿到的不管是哪只花色，必然都有两种花色是相同的。所以，答案是 5 张。

【知识链接】

足球比赛与抛硬币

你们看过足球比赛吗？你知道足球比赛与抛硬币有什么联系吗？在足球比赛中用抛硬币的方法确定哪方先开球，你觉得这样公平吗？将一枚硬币抛出，这枚硬币可能正面朝上也可能反面朝上，硬币正面朝上和反面朝上的可能性相等，都占一半，可以用一个数表示，这个数就是$\frac{1}{2}$。这种猜想是否正确呢？许多数学家为了验证自己的猜测，都做过抛硬币的实验。让我们来了解一下数学家抛硬币的实验情况：

试验者	抛的次数	正面朝上	一半的次数	反面朝上
蒲丰	4040	2048	2020	1992
费勒	10000	4979	5000	5021
皮尔逊	24000	12012	12000	11988

看到这些实验的数据，你有什么发现吗？

试验的次数增大时，正面朝上的频率和反面朝上的频率都越来越接近$\frac{1}{2}$。抛一枚硬币，我们事先无法确定它是正面朝上还是反面朝上，但当我们大量重复抛一枚硬币时，我们就会发现抛的次数越多正反两面朝上的可能性都越来越接近总数的$\frac{1}{2}$。从而验证了在足球比赛前采用抛硬币的方法来决定哪方先开球是公平的。其实为了比赛更具公正性，国际足联还规定了如果猜中硬币的甲队选择先发球，那么另一方就可以先选场地。

【趣味拓展】

按要求在下面的方框里，画△、□或○。每个方框里画6个图形。

（1）摸一个，一定是△。

（2）摸一个，不可能是○。

（3）摸两个，这两个可能都是□。

分析与解答：

第一个方框里，只能画6个△，因为只有这里面都是△，才能保证摸一个，一定是△这个条件；

第二个方框里，不能画○，可以画除○以外的一种图形或两种图形，一共画6个。

第三个方框里，至少有两个或两个以上的□，但不能都是□，6个图形中一定有其他图形。

执笔人：彭伟

有余数除法小游戏

……上面是一些可爱的福娃图片，按照上面的顺序排列下去，第37个福娃是哪个福娃？通过观察，我们知道每5个福娃是一组，37 ÷ 5=7（组）

……2（个）每组中的第二个是晶晶，所以第37个福娃就是晶晶。这就是灵活地应用有余数除法的知识解决问题。

在我们的学习和生活中，将我们学过的知识加以灵活应用，会帮我们解决许多问题。今天我们就一起来玩一个与“有余数除法”相关的游戏。学习这部分知识应该达到以下要求：

【游戏说明】

1. 理解“余数”的含义；能够正确读、写有余数的除法算式；初步学习试商的方法；正确理解应用“余数一定比除数小”来解决问题。

2. 具备联系除法的含义解决生活中的“有余数除法”的实际问题的应用意识，能够正确解答“有余数除法”的实际问题。

3. 逐步培养学生认真读题、理解题意，获取正确的文字信息的能力。

【游戏内容】

活动 1

三月份有31天，

三月份有几个星期零几天？

如果某年的三月份有五个星期六、

星期日、星期一，那么这一年的三月一日是星期几？

三月

日	一	二	三	四	五	六
				1	2	3
4	5	6	7	8	9	10
11	12	13	14	15	16	17
18	19	20	21	22	23	24
25	26	27	28	29	30	31

游戏解答：

（1）三月份有31天，每星期有7天，求三月份有几个星期，还零几天？就是求31里面有多少个7，还剩下几？列式：31 ÷ 7=4（周）……3（天），所以三月份有4个星期，还零3天。

（2）三月份有4个星期，还多3天。多出的那3天是星期几，这个月中就会有五个星期几、如上面右图中的三月份日历，多出的三天分别是星期四、星期五、星期六，所以这个月就有五个星期四、星期五、星期六，这个月的第一天就是星期四。而此题中三月份有五个星期六、星期日、星期一，求三月一日是星期几？这里的三月一日就应该是星期六。

学法指导

在有余数除法中，已知除数就可以确定余数的取值范围，这就是在灵活地应用“余数一定比除数小”。解决例5中的第一个问题时，列出算式后理解31÷7=4（周）……3（天）这个算式中每个数代表的意思很重要，这里的4指的是4个星期，而每个星期中都包括星期一到星期日，4个星期就会有4个星期一至星期日，某年的三月份有五个星期六、星期日、星期一。多出的三天分别是星期六、星期日、星期一，所以这个月的第一天就是星期六。

活动2

一个两位数除以9，商和余数都相同，这个两位数最小是（　），最大是（　）。

游戏解答：

首先，我们可以将题目中的文字信息转化成下面的有余数的除法算式：（　）÷9=（　）……（　）

在这个算式中只有一个数字9，它是算式中的除数，根据除数是9，我们可以知道余数可以是8、7、6、5、4、3、2、1，又因为在这个有余数除法算式中商和余数都相同，所以也可以知道商分别是什么。

求这个两位数最小是多少？我们知道要想使被除数最小，就要使余数和商尽量小，这里余数和商最小都是1，这时这个算式为：

（　）÷9=（1）……（1）

此时就可以求出这个两位数最小是：1×9+1=10。

求这个两位数最大是多少？我们知道要想使被除数最大，就要使余数和商尽量大，这里余数和商最大都是 8，这时这个算式为：

（　　）÷ 9=（ 8 ）……（ 8 ）

此时就可以求出这个两位数最大是：8 × 9+8=80。

活动 3

在下面这个有余数除法竖式中，有许多的数字都被擦掉了，你能根据竖式中所给的数字，猜出被除数是多少来吗？（每个□里只能填一个数字）

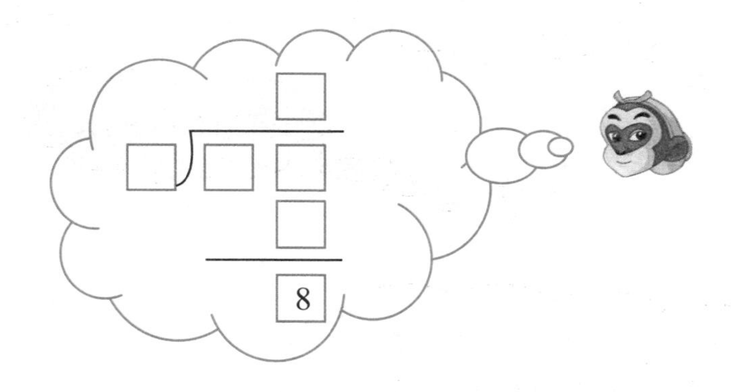

游戏解答：

在这道有余数的除法竖式中，只知道这个算式的余数是 8，那么根据“余数一定要比除数小”我们知道这个算式中的除数一定是 9，虽然比 8 大的数很多，但一位数中比 8 大的数就只有 9 这一种情况。再观察知道商与除数 9 的乘积是一个一位数，所以商一定是 1，因为只有 9 的 1 倍是一位数，这时就可以求出被除数是：1 × 9+8=17，所以这个除法算式的被除数是 17。

学法指导

认真读题获取有价值的数学信息很重要。灵活地应用“余数一定比除数小”可以帮助我们解决许多问题。

【知识链接】

生活中的数学

对了！智慧豆的答案是正确的。因为三(1)班小朋友总是按着1、2、3、4、5的规律报数，最后一个同学报的数是4，这就说明如果将这班同学5个人一组，最后会剩下4个人，而28、36、34这三个数中有一个是正确答案，在经过计算后知道只有34这个数除以5余数是4，所以这个班有34名同学。

【趣味拓展】

1. 一个两位数除以7，商和余数都相同，这个两位数最小是（　　），最大是（　　）。

（　　）÷ 7=（　　）……（　　）

（　　）÷ 7=（　　）……（　　）

2. 下面是一些平面图形，他们是按照一定的规律排列的，请你仔细观察它们的排列规律：

△□▱▽●△□▱▽●△□▱▽●……

你知道第 37 个平面图形是什么吗？

答案：

1. 因为商和余数相等，所以商是 5 余数也是 5，除数最小是 6，被除数最小是：5 × 6+5=35。

2. 这些珠子是按着 4 个一周期排列的。30 ÷ 4=7（个）……2（个），说明有 7 个周期还剩下 2 个黄珠子，又因为每个周期中有 3 个黄珠子，所以一共有 3 × 7+2=23 个黄珠子，有 30 － 23=7 个红珠子。

执笔人：彭伟

比比谁更会结网

古人用结绳的方式记忆数据和事件，古代印度数学也有一种类似的方法，只要数一数线段的结点。就连背不出九九乘法口诀的孩子也能很快得到乘法算术题的答案，我们来比比谁更会结网。

【游戏说明】

学习了笔算乘法如何进行检验呢，古老的结网计算法给了我们答案。

【游戏准备】

正方形纸、小棒。

【游戏内容】

1. 学习用格子结网计算 12×13。

（1）左上角摆一根小棒，表示十位数字 1，右下角摆两根小棒，表示个位数字 2，如下图表示数字 12；

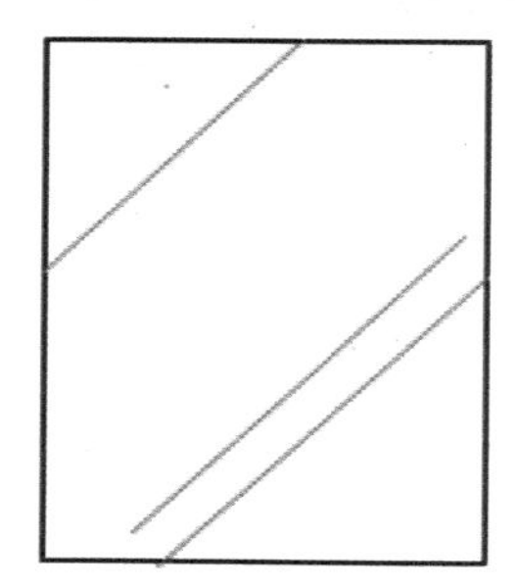

（2）左下角摆一根小棒，表示十位数字 1，右上角摆两根小棒，表示个位数字 3；

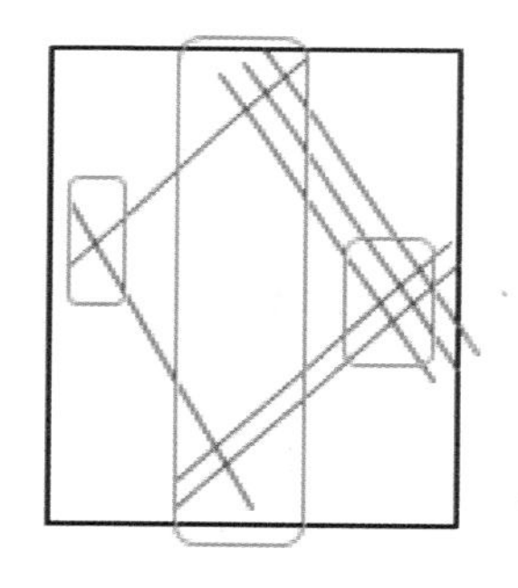

（3）上图表示 12×13；

（4）依对应最终答案的百位数，中列结点的个数之和次数线网上左、中、右三数列上的结点个数，左侧结点的个数之和 5 对应最终答案的十位数，右列节点的个数之和 6 对应最终答案的个位数。

最终答案：$12 \times 13=156$。

与竖式计算出的结果进行比较。

2. 同桌互相出一道两位数的笔算乘法，试着用结网法计算吧！先完成的，答案正确的获胜。记得与用竖式计算出的结果进行比较。

说明 : 如果某一位结点数满十，需要向前一位进一。

【知识链接】

这个游戏，可以在三年级下册学习了乘法单元后进行，小朋友在结网中对两位数笔算乘法的结果进行检验，感受数学的奥秘，体验学习数学的乐趣。

数结点做乘法：

步骤 1：沿左上到右下的方向，画若干组线依次表示第一个因数从高位到低位的数字；

步骤 2：沿从左下到右上的方向，画若干组线依次表示第二个因数从高位到低位的数字；

步骤 3: 从左到右数每一数列上结点的个数，它们各自代表着乘积的一个数位，连在一起就是最终答案。

【游戏拓展】

1. 结网计算

23×32　14×21　42×12　51×21　42×15　23×31

2. 结网计算法可以对笔算的结果进行检验，如果没有小棒，可以采用在正方形纸上画线段的形式结网计算笔算乘法，用“结网计数”法，我们还可以计算数量较小的三位数乘法题。你能看出下面图表示123×213 吗？

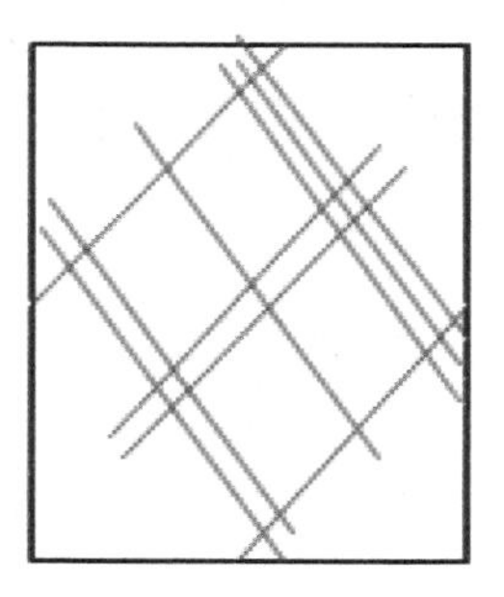

执笔人：关爱民

我会用格子里的三角魔方算乘法

小朋友们，你在玩结网游戏时发现没有，结网游戏只能计算因数相同的乘法，或对位数相同的乘法结果进行检验，如果两个因数的位数不同，有什么神奇的算法，或者还可以利用什么方法进行检验呢？今天我们一块玩三角魔方的游戏。

【游戏说明】

三角魔方的题目，往往在高年级以探索规律的形式考察，结果很不理想，由此想何不利用游戏的形式，让中年级的小朋友就开始接触呢？即可以培养小朋友的计算能力，又给笔算学习增添一丝趣味。

【游戏内容】

就像玩数字谜游戏一般，只要在三角空格里填上数字，乘法算题立即解决！乍一看去，你就像是在玩魔方，或者三角形的拼图，非常神奇！

活动 1：用三角魔方计算因数位数相同的乘法 54×25

（1）两个因数都是两位数，竖着画两条直线，横着画两条直线，右侧和下侧封口，组成左侧和上侧没有边线的 3×3 格子；

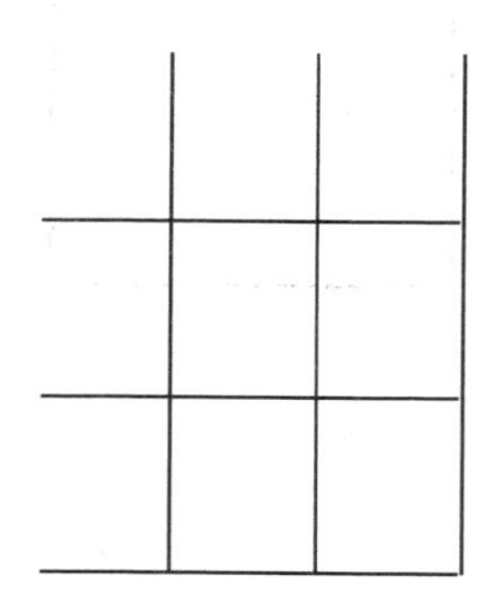

（2）在左上角格子处填上乘号，在格子的第一行填好第一个因数（每个格子中填写一个数字），格子第一列乘号下面的格子填好第二个因数；

×	5	4
2		
5		

（3）把空白格子里分别画上斜线（从右上到左下）；

×	5	4
2	⁄	⁄
5	⁄	⁄

（4）从高位向低位依次将两个因数各个数位上的数字相乘：因数“25”十位上的“2”依次与因数“54”十位上的“5”和个位上的数字“4”相乘，答案写在交叉格子内，每个三角空格只填一个数字，十位数字在上，个位数字在下；

×	5	4
2	1 ⁄ 0	⁄ 8
5	⁄	⁄

（5）因数“25”个位上的“5”依次与因数“54”十位上的“5”和个位上的数字“4”相乘，答案写在交叉格子内；

×	5	4
2	1/0	0/8
5	2/5	2/0

（6）把填入三角空格的数字斜向相加，和就是最终结果。

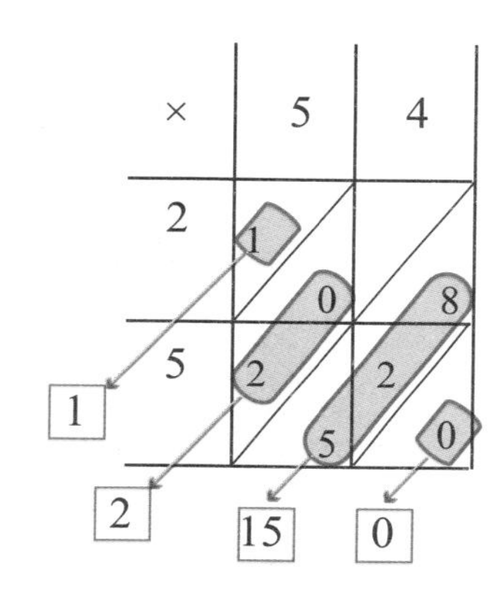

十位满十向百位进 1，最终答案：1350

活动 2：用三角魔方计算因数位数不同的乘法 4703×86

（1）第一个因数是四位数，第二个因数是两位数，竖着画 4 条直线，横着画 2 条直线，右侧和下侧封口，组成需要画出左侧和上侧没有边线的 5×3 格子；

（2）在格子中填好因数和乘号

×	4	7	0	3
8				
6				

（3）把空白格子里分别画上斜线

×	4	7	0	3
8	／	／	／	／
6	／	／	／	／

（4）从高位向低位依次将两个因数各个数位上的数字相乘：因数“86”十位上的“8”依次与因数“4703”四个数位上的数字相乘，答案写在交叉格子内；

×	4	7	0	3
8	3／2	5／	／0	2／
6	／	／	／	／

（5）因数“86”个位上的“6”依次与因数“4703” 四个数位上的数字相乘，答案写在交叉格子内；

×	4	7	0	3
8	3/2	5/6	0	2/4
6	2/4	4/2	0	1/8

（6）把填入三角空格的数字斜向相加，和就是最终结果。

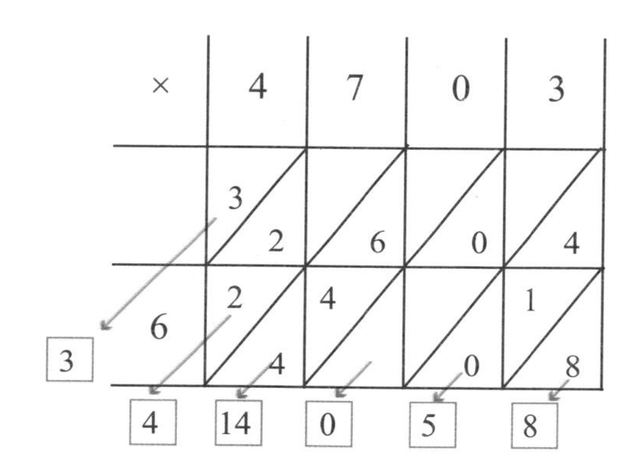

千位满十向万位进一，最终答案：354058。

同桌互相出一道笔算乘法，试着用格子里的三角魔方计算吧！先完成的，答案正确的获胜。

【知识链接】

这个游戏，可以在三年级上册学习了因数是一位数的笔算乘法后进行，也可以在三年级下册学习了因数是两位数的笔算乘法后进行，小朋友利用三角魔方中对笔算乘法的结果进行检验，感受数学的奥秘，体验学习数学的乐趣。

三角格子里的乘法运算：

步骤 1：画好格子，填入数字；

步骤 2：从高位向低位依次将两个因数各个数位上的数字相乘，答案写在交叉格子内，每个三角空格只填一个数字，十位数字在上，个位数字在下；

步骤 3：把填入三角空格的数字斜向相加，和就是最终结果。

【游戏拓展】

1. 利用三角魔方计算：

12 × 57　82 × 33　71 × 52　89 × 98

116 × 8　8076 × 5　4687 × 39　142 × 206

2. 和家长一起玩格子里的三角魔方游戏。

执笔人：关爱民

猜出生日期游戏

最近我们学习了年、月、日的知识，你们想知道我的生日在哪一天吗？

【游戏说明】

通过猜出生日游戏，加深小朋友对年、月、日知识的理解运用，发展推理能力，在参与活动中培养小朋友的注意力和快速反应能力，增加学习的乐趣。

【游戏内容】

小朋友们，老师出生的年份比 2000 年早 27 年，出生的月份是一年里最后那个小月，日期比两周的时间少 1，猜猜我出生在哪一天？

活动 1

1. 在一张纸上写下自己的出生的年月日，扣在桌子上。
2. 根据自己的出生日期,用上年月日的知识向同桌介绍,让同桌猜。
3. 同桌猜完后，两人打开纸条，猜错或出错谜题者失败。

活动 2

同桌互相猜完自己的生日后，写出自己亲人，如爸爸、妈妈、爷爷、奶奶的出生日期出谜语让同桌猜，规则同上。

活动 3

如果你想知道一个人的生日是哪一天，很简单，做个游戏。

1. 请这个人将他的出生月份 ×4+9。
2. 然后将结果继续 ×25+ 出生日期（可以用计算器计算）。
3. 然后告诉你结果。你只要将结果—225 就能很快知道对方的生日。

举例 : 假设对方的生日是 6 月 25 日 . 计算过程如下 :

6（月份）×4=24

24+9=33

33×25=825

825+25（日期）=850（观众最后算出来的答案）

850−225=625（6 月 25 日）

回家可以和家长一起试一试，并且破译一下其中的数学原理。

【知识链接】

这个小游戏与三年级下册教材第一单元年、月、日的知识是对应的，在学习了年、月、日的知识后，你们可以在课上或课下玩这个游戏，可以巩固这单元中的知识点，培养你们的推理、倾听能力。

【游戏拓展】

1. 小男孩年龄的末尾添上一个 0 就是他爷爷的年龄，他和爷爷的年龄加在一起是 77 岁。你知道小男孩多少岁吗?

2. 有一对父子在交谈。22 岁的儿子问父亲："爸爸，你现在多少岁？"父亲回答说："爸爸，岁数的一半再加上你的岁数，就是爸爸的岁数。"儿子陷入了沉思。请问，这位父亲现在多少岁？

3. 用乌龟 5 年后的岁数的 5 倍，减去 5 年前岁数的 5 倍，刚好等于他现在的岁数。这只乌龟今年究竟多大呢？

执笔人：关爱民

看日历猜数游戏

平常的日历也可以玩出神奇哦！要不要试试？

【游戏说明】

通过猜日历游戏，促使小朋友将年、月、日知识与幻方知识结合起来思考，发展观察能力、推理能力，意识到数学蕴涵在我们的生活中，增强探索数学奥秘的情感。

【游戏活动】

活动 1 寻找日历中的奥秘

从日历中随便挑选出一个月份，然后在日历上画一个正方形，这个正方形内要包含 9 个数字，观察这 9 个数组成的幻方，试着求这 9 个数的和，每一列 3 个数的和、对角线上 3 个数的和，记住自己的发现。

活动 2 比赛求和

1. 两人一组，你不看日历，让你的同桌从日历中随便挑选出一个月份，然后让他在日历上画一个正方形，这个正方形内要包含 9 个数字。

2. 请你的同桌把 9 个数中最小（或最大）的那个数告诉你。

3. 你和同桌分别求这 9 个数的和，然后对照日历检验，计算正确、速度快的获胜。

4. 你和同桌交换，这次你看日历，告诉同桌9个数中最小（或最大）的那个数，比赛求和，看谁的速度快。

5. 你和同桌交流求和方法。

活动3 知和猜最小数（最大数）

1. 三个小朋友一组，其中一人从日历中随便挑选出一个月份，然后让他在日历上画意个正方形，这个正方形内要包含9个数字。

2. 一个小朋友把这9个数字相加，告诉另外两个小朋友结果，让同桌猜最小数（或最大数），速度快而且猜对的获胜。

3. 小朋友交换角色，每人都猜两次。

4. 三人交换获胜秘诀。

【知识链接】

在日历上挑选的9个数字，它们的组合形式是一种幻方。幻方是一种数学排列方式，幻方中任何一列、对角线上的数字，相加结果都是相同的。

活动2中日历中幻方求和，看着日历的小朋友可以用中间数 ×9 求和，也可以把这9个数逐个相加；没看日历的同学可以用（最小数 + 8）×9 求和，也可以用（最大数 − 8）×9 求和。

反之，活动3中日历中知和，求最小数或最大数，可以逆用公式：最小数 = 和 ÷9−8，最大数 = 和 ÷9+8。

这个小游戏可以在学习了三年级下册教材第一单元年、月、日的知识后进行，在学习了这一单元知识时，自然要接触日历，小朋友们可以在课上或课下玩这个游戏，可以帮助你们树立用数学眼光观察生活的意识，培养计算能力、推理能力。

【游戏拓展】

回家和家长一起玩猜日历日期的游戏。

执笔人：关爱民

扑克牌算得数

小朋友们喜欢玩扑克牌吗？今天我们可以玩一玩。

【游戏说明】

扑克牌数字是几就按几来计算，大王小王都按0计算。

【游戏内容】

每两个小朋友为一组，每个小朋友手里分别拿着一副扑克牌，算得数。小朋友们分别拿好扑克牌，谁先出牌，谁就说运算方法，对方算得数。甲任意抽出一张“4”字牌，乙任意抽出一张“13”（K）牌。甲说用加法计算，乙就口算 $4+13=17$；甲说用减法计算，乙就口算 $13-4=9$；甲说用乘法计算，乙就口算 $13\times4=52$；甲说用除法计算，乙就口算 $13\div4=3\cdots\cdots1$，然后交换……

【知识链接】

你们已经掌握100以内数的四则运算，这种游戏既可以在课内运用，也可以在课外玩，你们的计算能力可得到迅速提高。

【趣味拓展】

$A\times(\quad)=A$　　$B\div(\quad)=B$　　$C+(\quad)=C$

执笔人：仇立民

横竖大比拼

孩子们，你们平时都玩过跳棋吗？今天我们玩一个带数字的跳棋游戏，这个游戏不仅有趣，而且还考验你的全局意识，快来挑战吧。

【游戏说明】

通过这个游戏，巩固对数字的认识，比较数的大小，激发运算的兴趣，培养独立思考、灵活生动、遵守游戏规则及力争上游等品质。积累比较数的大小的经验，初步感受逐步逼近的数学思想，发展初步的推理能力和数感，在参与活动中培养小朋友倾听能力和竞争力。

【游戏内容】

材料：你们可以利用生活中的旧塑料瓶盖、塑料布、油漆等制作棋子。

制作方法：

1. 分别取一种或两种颜色的塑料瓶盖组成一盒棋子，共40枚按颜色逐个写上数字，用不同颜色的棋子或不同颜色的字区分两方的棋。

2. 画棋盘，标好棋位，这个可以根据你们自己的需要自己决定把棋盘画成几乘几的格子。

玩法：这种数字棋的方法很多，下面我就给大家介绍两种玩法。

第一种玩法：明打。将棋子按棋盘所示棋位摆好。走棋时双方按先后任意出一枚棋子，每次只走一子一格，轮流进行，向双方地界走棋。前后左右均通行。通过小桥，抵达对方地界。双方两棋子相遇时，以大数吃小数，同时把大数棋子放在被吃掉的小数棋子位置上，被吃掉的棋子放在盘外。数字相同则两棋子都放到棋盘外。先吃完对方的棋子者为胜。如双方均有剩棋子，以剩棋子数量多者为胜；棋子数量相同为平。

第二种玩法：暗打。棋位不定，棋子无规律地反扣，随意摆在自己一方棋格内。翻棋时，不能翻对方的棋。暗打又分两种：（a）一对

一双方各翻一棋，无论两棋相距多远，以数大的吃数小的，把数大的放到数小的棋位上。棋盘上剩棋子多者为胜，一样多为平。（b）两数和（差）对两数和（差）双方各翻2棋，将棋上的数相加（或相减）后得数大的一方吃掉得数小的一方，同时把两棋分别放在被吃一方的棋位上，被吃掉的棋子放到棋盘外，得数相同则4枚棋子均放到棋盘外。棋盘上剩棋子多者为胜，一样多为平。

孩子们，这两种玩法玩熟后，你们可以按自己的兴趣构思与本棋盘上不同的棋位摆法，相信你们一定会创造出更多的玩法。加油哦！

【知识链接】

这个小游戏与教材中数的认识和数大小比较是对应的，在学习了数的大小比较后，小朋友们可以在课上或课下玩这个游戏，巩固数的大小比较，增强自己的数感，培养推理、倾听能力。

【趣味拓展】

月月和老师做游戏，两人轮流在下面的正方形网格中任意一格内填数，所填的数只能是1、3、4、5、6、7、8、9、10这九个数。每个数只能用一次。全部填完后，一、三两行数的和为月月的得分，一、三两列数的和为老师的得分，得分高的人获胜。月月首先填数，要想一定取胜的话，最初要在哪一方格中填哪个数呢？孩子们，请说出你的理由。

	1		3
1	A	B	C
	D	E	F
3	G	H	I

执笔人：侯海良

迷宫碰碰车

孩子们，迷宫的游戏你们都玩过吗？今天我给大家介绍一款迷宫碰碰车的游戏，这个游戏里面有很多玄机，只有聪明的小朋友才可能躲过灾难，顺利通过，让我们一起来挑战吧！

【游戏说明】

迷宫碰碰车的游戏目的是通过游戏活动，巩固位置和方向，同时，锻炼你们的应变能力，培养全局意识，在游戏积累活动经验，获得游戏策略。

【游戏内容】

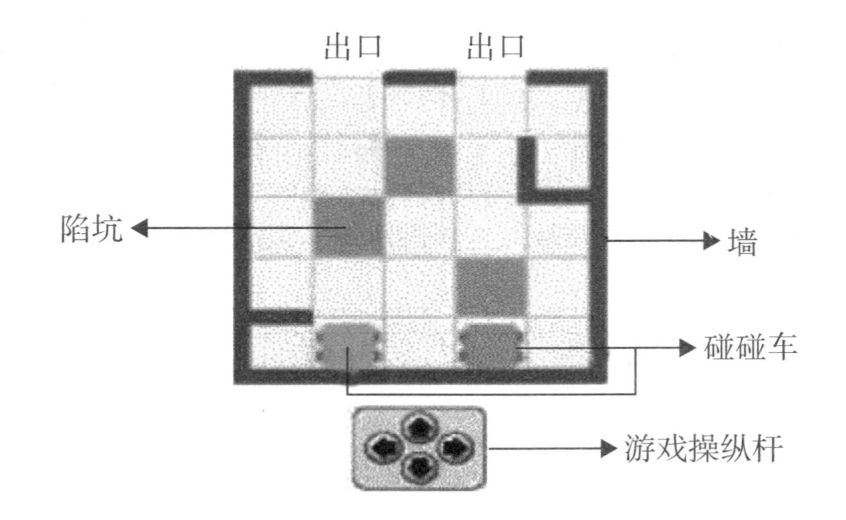

今天给小朋友们介绍一个有趣的数学游戏“迷宫碰碰车”。请看上面的图。

碰碰车：在图的下方有两辆碰碰车，一辆是绿色的，一辆是蓝色的。

出口：对应与两辆不同颜色的碰碰车也分别有两个不同的出口，

一个为绿色的出口，一个为蓝色的出口。

墙：当小车前进到“墙”时，就被挡住不能再走了。

陷坑：陷坑是碰碰车行驶必须绕过的地方，如果小车不幸掉到了陷坑里，整个游戏就以失败告终了。

游戏操纵杆：游戏操纵杆可以控制碰碰车的运动，上箭头、下箭头、左箭头、右箭头分别控制碰碰车上下左右的运动。

注意：（1）游戏操纵杆对两个小车的作用是相同的，例如：按“←”表示两辆小车同时向左前进一格。

（2）如果一辆小车碰到了墙被阻住不能前进了，另外一辆小车只要前进的方向没有障碍还是可以继续行驶的。

（3）两辆小车不可以走到同一个格子中。

下面，我根据难度的不同设定了三个不同的任务，看你能全部完成吗？

活动 1 （难度：★★）

任务：用最少的步数将两辆碰碰车安全的行驶出迷宫。

在这个任务中不限制每辆碰碰车的出口，就是说每辆碰碰车都可以从两个出口中的任意一个开出去，一旦小车开出了迷宫，游戏操纵杆对小车就没有控制作用了。

活动 2 （难度：★★★）

任务：用最少的步数将两辆碰碰车同时安全的行驶出迷宫。

在任务一中两辆小车可以先后从迷宫的出口开出去，而在任务二中则要求你将两车同时行驶出迷宫。

活动 3 （难度：★★★★）

任务：用最少的步数将两辆碰碰车同时从相应的出口行驶出迷宫。

任务三显然比任务二又困难了一步，不仅要求两车同时开出而且要求绿色的小车走绿色的出口，蓝色的小车走蓝色的出口。

孩子们，游戏中我们可以小组同学一起来对抗，下面是参考解答的建议，希望能对你们有帮助。

任务一：11 步，

右上上右上上上（绿色小车从蓝色出口开出）左上上上（蓝色小车从蓝色出口开出）。

任务二：19 步，

右上上右上上右下下左左上左左上上上右上。

（绿色小车从蓝色出口开出，蓝色小车从绿色出口开出）

任务三：21 步，

左上上右上右上右右下下左左上左左上上上右上。

（绿色小车从绿色出口开出，蓝色小车从蓝色出口开出）

【知识链接】

此游戏与数学教材中的方向与位置相对应，通过游戏可以强化他们对方向路线的认识，增强趣味性。在游戏中每走一步我们要说出所走的路线。

【趣味拓展】

自己设计从家到某的路线图讲给小朋友听。

执笔人：杨雪飞

四 年 级 篇

找朋友

孩子们，你们在生活中经常会遇到买东西给售货员阿姨凑钱的现象吧，今天我给大家介绍一款“找朋友”的游戏，看谁用最短的时间完成任务，让我们一起来挑战吧！

【游戏说明】

“找朋友”这个游戏，借助元、角、分与小数之间的关系，巩固一位小数的加减法运算。在活动中，激发了小朋友的学习兴趣，同时锻炼了小朋友的反应能力和运算能力。

【游戏内容】

活动 1　听数结对

全班小朋友围成一个大圆圈，要求男女生间隔站开，每名女生充当1元，每名男生充当5角，也就是0.5元，由一个小朋友站在圆圈中央，根据参与小朋友人数的多少随意喊出一个以元为单位的小数，小朋友随机拼凑出这个小数站在一起为获胜，没有拼凑出结果的小朋友则为失败。

举例：

一个小朋友站在圆圈中喊出 1.5 元。

小朋友们则快速寻找伙伴拼凑出1.5元，一个男生和一个女生即可。

这个游戏比较简单，初步体会元、角与小数之间的关系，可以调动小朋友学习的乐趣，增加数学的趣味性。

活动 2 算后结对

全班小朋友围城一个大圆圈，要求男女生间隔站开，每名女生充当 1 元，每名男生充当 5 角，也就是 0.5 元，由一个小朋友站在圆圈中央，随机说出两个小数做加法或者减法，其他小朋友需要快速口算这个算式的结果，并快速拼出答案为获胜，否则失败。

举例：

一个小朋友站在圆圈中央说出算式：1 元 +1.5 元

其他小朋友们首先要计算 1 元 +1.5 元 =2.5 元，然后寻找合适的同伴拼凑出 2.5 元即可。如可以是两个女生和一个男生，也可以是一个女生和三个男生，再或者五个男生。

这个环节相比较第一个活动难度略有增加，在对对碰之前必须要先算出正确的结果，再寻找合适的小伙伴拼凑答案，巧妙地将所学知识运用到游戏中，让孩子边玩边学。

活动 3 算后估数

全班小朋友围城一个大圆圈，每名小朋友充当 1 元，由教师随机出题，一位小数的不进位加法和不退位减法，小朋友需要快速口算这个算式的结果，并估算出这个结果最接近的整数，快速拼出整数即为获胜，未被拼整数的小朋友失败。

举例：

一个小朋友站在圆圈中央说出算式：1.3 元 +1.5 元

其他小朋友们首先要计算 1.2 元 +1.5 元≈ 3 元，快速与其他两名小朋友组成三人小组即可获胜，落单小朋友为失败。

这个活动不仅有简单的小数计算，还涉及估算问题，不过难度相对较小，你们初步体会小数与整数之间的关系，学会凑整的思想。

【知识链接】

此游戏是与北京版教材第八册中的《小数加减法》相对应的一款游戏，这个游戏是在小朋友初步认识小数的基础上，以元、角、分为背景，帮助小朋友掌握简单小数的加减法计算，相比较已学过的整数加减法，小数加减法具有更多的实际意义，通过小游戏的形式，帮助小朋友理解生活中的小数，体会元、角、分与小数的关系，进一步加深对小数意义的理解。

【小故事】

最早的小数

“小数”的名称是我国元代数学家朱世杰最先提出的。我国古代用小棒表示数，为表示小数，就把小数点后面的数放低一格，如 2.15 就摆成：‖ — |||||，这是世界上最早的小数表示方法。

【趣味拓展】

用两个 5 和两个 0 写小数：

（1）一个 0 都不读

（2）只读一个 0

（3）两个 0 都读

答案：（1）5500，550.0，55.00，5.500，500.5

（2）0.550， 5.050，50.05，505.0，5005

（3）0.055

执笔人：田桂敏

数字卡片来排队

孩子们，你们在生活中经常会遇到排队的现象吧，今天我给大家介绍一款数字卡片排队的游戏，这可要考验你的应变能力呦，同学们，一起来挑战吧！

【游戏说明】

四年级是小学阶段学生第一次认识负数，是对小朋友所认识数域的拓展。过程中，对负数和正数的表示相反关系的把握，对负数大小的比较等知识不是一蹴而就的，需要小朋友有丰富的体验。因此，排队游戏应运而生。通过游戏使小朋友在排队活动中巩固对负数的认识，进一步认识负数所表示的生活实际意义，是将抽象知识具象化的过程。

【游戏内容】

活动 1

请小朋友们拿数牌来排队，小朋友们拿到的数字卡片有：–2，5，4.1，0，–3，30，其中一个小朋友提出要求：左边站最小的，右边站最大的，小朋友从左到右按从小到大的顺序站队，过程中可采访手拿30或3的小朋友，为什么直接站在边上？如果让一个数先站你会选择什么？

活动 2

这次增加游戏的难度，增加一张空白牌，请一位小朋友手拿空白牌，站在队伍中，可以站在5和30之间，站在0和–2之间，还可以站在哪儿呢？–2和–3之间可以吗？此时空白牌上根据大小关系，可能是哪个负数呢？让小朋友自己作出选择，其他小朋友进行判断。

【知识链接】

此游戏是与北京版数学第八册中的《负数》这个内容相对应的游戏，此游戏是想通过活动的方式，让小朋友了解、巩固生活中正、负数的表示方法；了解一些生活中常见负数的实际意义，从而培养小朋友观察应变的能力。

【负数历史】

在国外中国是最早提出负数的国家。据世界上第一部有关于负数完整介绍的古算书《九章算术》记载，古人就是在解决方程的过程中，有时出现小数减去大数的情况，负数作为一种需要而产生。

由于中国古代数字是用数筹摆出来的，为了区别正数与负数，古代数学家创造了用不同颜色的算筹分别表示正数与负数，通常用红筹表示正数，黑筹表示负数（见左图）。由于换色有时不方便，所以到了十三世纪，有人提出用画斜杠的方式表示负数。

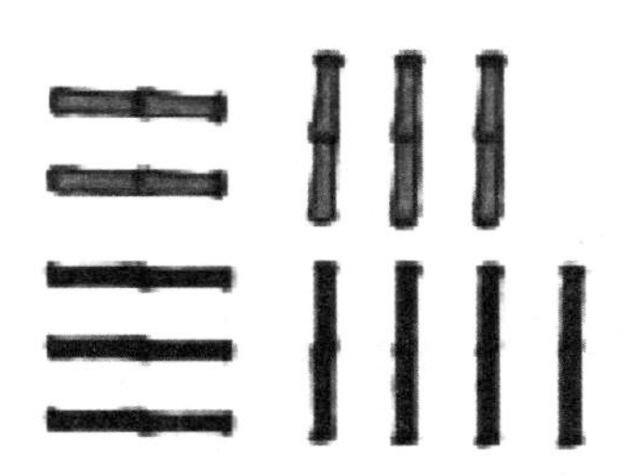

中国对负数概念的提出，表示，以及运算法则有系统的说明，这些法则一直沿用至今。可以说负数的发明是中国对世界数学的一大贡献，作为中国人，我们应该感到骄傲和自豪！

负数的产生在国外经历了漫长的过程。时间上比中国要晚很多。印度数学家婆罗摩笈多于公元628年才认识负数可以是二次方程的根。而欧洲 14 世纪法国数学家丘凯把负数说成是荒谬的数。随着 19 世纪整数理论基础的建立，负数在逻辑上的合理性才真正建立。

【趣味拓展】

画一画：你能画出心中的负数吗？

1. 今天的最高气温 –2 度。

2. 车停在 –2 层。

说一说：

某班同学的平均身高为147厘米，老师记录小军身高为负2厘米，表示，什么意思呢！

执笔人：田桂敏

24点游戏

小朋友们，24点游戏是一个非常有时代感的扑克牌智力小游戏了，它可以更好的锻炼我们思维的灵活性与敏捷性。我们小时候可是经常玩哦，你们愿意在这款游戏中挑战下自己吗？

【游戏说明】

通过24点游戏，熟练掌握四则混合运算的计算方法，灵活巧妙地计算出结果。在参与游戏的过程中，培养你们思维的灵活性、敏捷性，提高你们的计算能力及竞争力。

【游戏内容】

玩24点游戏，可以两人一组，也可以四人一组，需要将一副牌中去掉大小王后，剩下的52张平均分到每个人手里，其中A相当于1，J、Q、K、分别相当于11、12、13，任意出4张牌，用加、减、乘、除（可加括号）把牌面上的数算成24。每张牌必须用一次，且只能用一次，谁先算出24即为获胜，牌面上的四张牌即可归他所有。继续再出4张牌，进行下一轮的计算。谁手中扑克牌最先没有了，则为游戏失败者。

游戏的目的在于根据数字特点，进行巧算，从而提高小朋友的计算能力。

举例：（以4人一组游戏为例）

首先将 52 张扑克牌平均分，每人 13 张。每人都随意取出一张牌放在桌面上，如第一轮出现的牌面数字为：3、8、8、9，大家都利用这 4 个数字进行计算（可以使用括号），最先算出 24 者即为获胜，如张三这样算：$(9-8)\times3\times8=24$，或 $3\times(9-8\div8)=24$……无论哪种算法，最先算出 24 并说明算法者即为获胜，这局，张三获胜，这四张牌即归张三所有。当然，也有无解的时候，就是这 4 张牌无法算出 24，就都收回这四张牌，重新洗牌后再进行下一轮。

玩 24 点游戏时，应注意一些计算中的技巧问题。计算时，我们不是把牌面上的 4 个数去试，更不能瞎碰乱凑。在这里，向小朋友们介绍几种常用的方法：

1. 利用 $3\times8=24$、$4\times6=24$ 计算求解。

把牌面上的 4 个数凑成 3 和 8，或是 4 和 6，再相乘求解。如：3、3、6、10，可把 3 当作其中一个因数，用另外三个数去凑 8，即（$10-6\div3=8$）这种方法利用率最大、命中率也是最高的，这可是游戏取胜的一个重要法宝哦！

2. 利用 0 和 11 的运算特性求解。

如：3、4、4、8，可组成 $3\times8+4-4=24$ 等。又如 4、5、J、K 可组成 $11\times(5-4)+13=24$ 等。这也是比较常用的一种解题策略，在游戏中也会经常用到的！

游戏要想取胜，还有很多其他的技巧和方法，希望小朋友们在游戏中逐步去发现去总结。

【知识链接】

这个小游戏与教材中四则混合运算是对应的，在学习四则混合运算后，你们可以在课上或课下玩这个游戏，巩固四则混合式题的计算，在游戏中培养自己根据数字特点进行速算与巧算，提高计算能力，在游戏中培养观察能力、分析能力和竞争力。

【趣味拓展】

利用下面所给数字，快速算出 24

4、5、11、13　　1、4、6、6　　10、10、4、4、

执笔人：吴立红

随你而变

小朋友们，商不变的性质在数学里是一个非常重要的定律，它可以更好地服务于我们的数学学习，使之变得更加轻松、便捷。今天这个小游戏，可以使我们更灵活地掌握这一性质，让它为我们的学习作出更大的帮助。

【游戏说明】

通过随你而变游戏，使我们能够灵活掌握和运用商不变的性质，初步感受变中不变的数学思想，发展初步的推理能力，在参与活动中培养倾听能力和思维能力。

【游戏内容】

在随你而变游戏中，小朋友们 3 人一组，根据商不变的性质，对算式进行改变。抽签决定自己的角色：被除数、除数还是商（之前写好 3 张卡片）。其中两人先依次说出自己的变化，看第三人的变化是否符合规则。如果第三个人说出的变化不符合规则，则视为失败，将会受到一个小小的惩罚。

游戏的目的在于让小朋友灵活掌握和运用商不变性质，训练思维的灵活性。

举例：

甲乙丙三人通过抽签确定自己的角色：甲：被除数，乙：除数，

丙为商。依座次按顺时针方向前两个人先说出自己的变化：

甲（被除数）：我乘 2 。

丙（商）：我不变。

乙（除数）： 也乘 2。

或：

甲（被除数）：我乘 8。

乙（除数）：我不变。

丙（商）：我也乘 8。

又或：

乙（除数）：我除以 2。

丙（商）：我乘 4。

甲（被除数）：我乘 2 。

……

利用商不变的性质进行游戏时候，需要小朋友认真倾听另两个数的变化情况，并积极思考自己应该怎么变？变中抓不变，你变我依你而变。训练小朋友思维的灵活性与敏捷性，从而达到活用性质的目的。

【知识链接】

这个小游戏与教材中商不变的性质是对应的，在学习了商不变的性质后，我们可以在课上或课下玩这个游戏，不仅巩固商不变的性质，更是对性质进行了拓展和延伸。通过游戏可以达到活用性质的目的，在活动中培养倾听能力、分析推理能力。

【趣味拓展】

不用计算，直接说出商是多少。

$A\times B=6$

$(A\times 4)\times(B\times 6)=(\quad)$

执笔人：吴立红

听算抢答

小朋友们，听算抢答游戏既可以训练我们的听力，更可以训练我们思维的敏捷性，这个游戏很具有挑战性。你们愿意来试试吗?

【游戏说明】

通过听算抢答游戏，可以更好的训练小朋友们思维的灵活性与敏捷性，巩固小数加法的计算方法，在活动中培养小朋友的计算兴趣，提高口算能力、倾听能力和竞争力。

【游戏内容】

在听算抢答游戏中，小朋友们以小组为单位(4人)，按顺时针方向，每人依次说出1个纯小数，让组内其他小朋友抢答，这个小数与哪个小数合起来是1.回答最快的同学即为获胜，可加10分。经过N轮的抢答后，评选出本组冠军代表本组参加班级的抢答赛。

游戏的目的在于让小朋友熟悉掌握和为1的小数的计算，为后续小数加减法的计算打下坚实的基础。

举例：

A、B、C、D四名小朋友一组玩抢答游戏，按顺时针方向，先由A说出一个纯小数(一位小数或是两位小数都可以)如，她说的小数是:0.38，组内其他小朋友需要快速思考并抢答，哪个小数与它可以凑成整数1。如D最先喊出了0.62($0.38+0.62=1$)，则本次抢答D获得胜利，即可赢得10分的奖励积分。接着继续下一个同学再说出一个小数，组内同学再进行抢答……N次循环后，选出组内得分最高的同学参加班级的挑战赛。

在班级挑战赛中，可以由小班长在前面负责说出第一个小数，由各个组的代表们进行抢答，10轮后，选出本场听算抢答赛积分最高者，为本场的擂主，走上荣誉讲台，与老师握手。

游戏中，一定要听清小朋友说出的小数是几，分析后再进行抢答，不要忙碌的开口，分析时要注意：凑 1 时，所需的另一个小数最低位要凑 10，其他数位要凑 9，这样思考可以更快的得出正确答案哦！小朋友们快来试试吧！

【知识链接】

这个小游戏与教材中小数加法知识点是对应的，在学习了小数加法后，你们可以在课上或课下玩这个游戏，巩固小数加法的计算，提高口算能力，培养倾听和反应能力。

【趣味拓展】

上面的游戏中，小朋友们说出的需要凑 1 的小数都是一位或是两位纯小数，现在你能快速说出可以与下面的小数凑成 1 的小数吗？快来试试看。

0.875　　0.903　　0.062　　0.6051

随着游戏难度的增加，可以更好的训练我们思维的灵活性与敏捷性，从而达到对小数加法快速而准确计算的目的。积极参与游戏，相信你可以很快成为速算小能手！

执笔人：吴立红

对策问题小游戏

唐僧师徒 4 人去西天取经，走得很累，唐僧让大家原地休息。八戒小声对孙悟空说："猴哥，咱俩玩点什么，好吗？"

孙悟空找来好多小石子，从 1 个一堆、2 个一堆……一直到 9 个一堆，一共摆了 9 堆。

孙悟空说："咱俩抢 15 吧。"

“抢 15？怎么个抢法？”八戒很感兴趣。

悟空说：“很简单。咱俩一先一后地取石子，每次只能取一堆，谁先取到 15 个小石子就算谁赢。输了要被弹一下脑门儿。”

“好吧，我先拿。”八戒心想，这还不容易，9 加 6 就是 15。八戒伸手就抓走 9 个的那一堆。悟空不敢怠慢，赶紧拿走 6 个的一堆。

八戒心中暗骂，这个猴头真坏，破坏了我的计谋！八戒只好又拿了 5 个的一堆，悟空伸手拿走只有 1 个的那一堆。八戒一想：坏了，我手中已有 14 个石子，1 个那一堆又被猴头拿走，不管我再拿哪一堆，总数都要超过 15。结果八戒输了，脑门上被重重地弹了一下。八戒连着抢先拿了 3 次，结果都输了，脑门上被弹了 3 次，起了一个不大不小的包。

八戒捂着脑门对悟空说：“你先拿吧，先拿吃亏。”

“可以。”悟空伸手抓起了 5 个的那一堆。八戒抓起 9 个的一堆，悟空抓起 6 个的一堆。八戒心想：我不能拿多的了，不然的话又超过 15 了。他抓起 1 个的一堆。悟空把 4 个的一堆抓到手说：“我抢到 15 啦！认输吧！”

又连玩 3 次，悟空每次都先抓起 5 个的那一堆，每次都赢。手摸着脑门上的包越来越大，八戒宣布不玩了。

八戒问：“猴哥，你为什么先拿 5 个那一堆呢？”

悟空笑嘻嘻地对八戒说：“我在太上老君那儿，看到这个九宫图。不管你是横着加、竖着加还是斜着加，3 个数之和都得 15。5 居中央，有 4 种方法可以得 15，而别的数只有 3 种方法，所以，我先取个 5。”悟空边说边画起了九宫图。八戒懊丧地“哼”了一下，一拍脑门，不偏不倚正好打在那个包上。

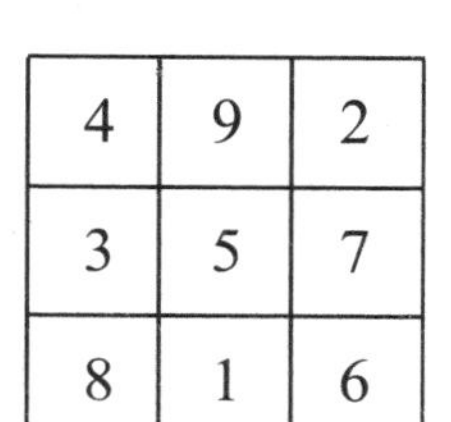

4	9	2
3	5	7
8	1	6

【游戏说明】

学习这部分知识应该达到以下要求：

1. 初步体会对策论方法在解决实际问题中的应用。

2. 通过具体的问题情景体会到解决问题策略的多样性，学会用逆推法、分组法、对称法 、解决问题。形成寻找解决问题最优方案的意识。

3. 进一步提高应用意识和解决实际问题的能力。学会从简单问题中寻找规律。

【游戏内容】

下图是国际象棋的棋盘，玛丽和老师轮流往棋盘的空格内放入“相”（“相”是国际象棋中的一种棋子，它的走法是沿斜线方向，格数不限，并且在它的行走路线上可以攻击其他棋子。）。一方持黑棋，一方持白棋。当任何一方放入“相”时，要保证不受到对方已放的“相”的攻击。无法放的人为失败者，玛丽要想取胜，它应该选择先放棋子，还是后放棋子？

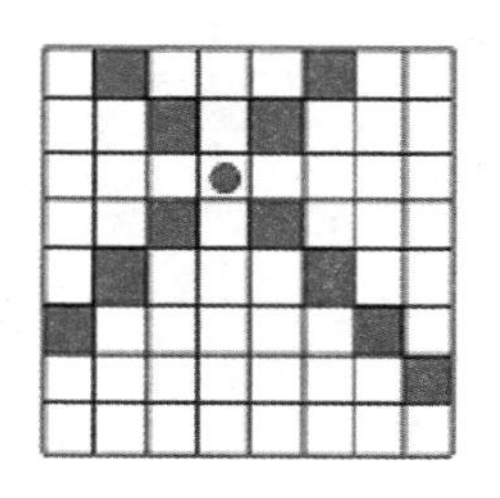

这个游戏我们可以利用“对称”的思路来解答。

因为棋盘是“轴对称图形”，所以先放者必输。先放者无论将棋子放在什么位置，后方者都可以将棋子放在对称的位置（以棋盘的竖直平分线为对称轴），一定不被其攻击，如图，

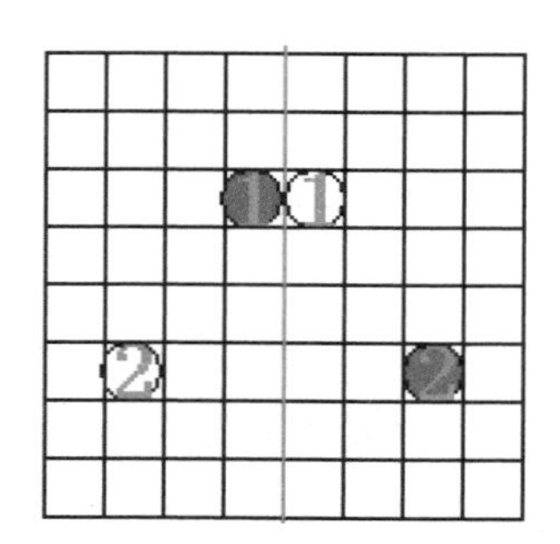

这样就能保证：

1. 只要先放者能够在棋盘上放入棋子，后放者一定也可以在棋盘上放入棋子；

学法指导：

什么是轴对称图形呢，就是图形按某条直线对折后，直线两旁的部分能够完全重合，这样图形称为轴对称图形。例如在我们生活中常会见到在晚上天空的月亮照在水中，水中的月亮与天空的月亮形成的轴对称图形，水面相当直线把水中的月亮和天空中的月亮对折成的。下面三个图形就是轴对称图形。

利用对称的思想是解答对策问题常见的方法。利用这种方法我们先要找到对称轴，还要找到相应的得对称点。建立一一对应的思想。

【知识链接】

有一块大巧克力，见下图，上面有 5 条横线，9 条竖线，这些线将这块巧克力分成了 60 个小格。

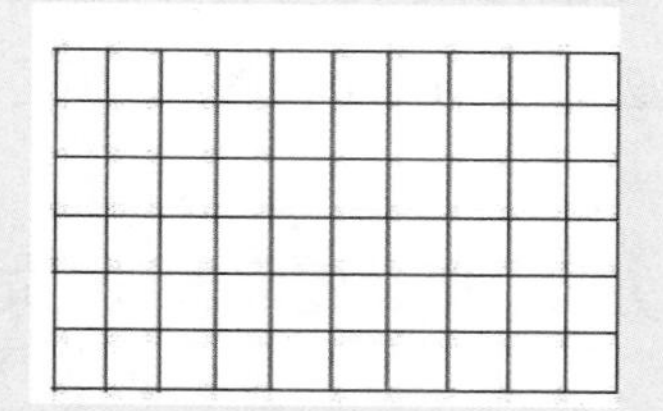

甲先沿一条线将巧克力掰成两块（两块不一定相等），吃掉一块，乙再沿一条线将剩下的巧克力掰成两块，吃掉一块。这样继续下去，两人轮流掰吃这块巧克力，谁吃了最后一小格的巧克力谁就算输了。

问：甲和乙谁能采取一些策略百战百胜呢？

分析与解答：

小朋友们，这个游戏所给的格子数比较多，我们可以先考虑简单一些的情形：

比如：如果开始时巧克力是一个长条，例如 1×10 的，那么，谁有必胜的策略呢？

（1）

显然，这时，甲可以稳操胜券。因为他可以将巧克力掰开，吃掉 9 格，留下一格。

如果问题复杂一点，巧克力是 2×2 的，那么，先取的人就无法取胜了。因为他掰过后剩下一块 1×2 的巧克力，后取的再掰一次就剩下一小格巧克力了

（2）

如果巧克力是 2×10 的，那么又谁能获胜呢？先取的胜，因为他可以留下 2×2 的一块（吃去 2×8 的巧克力），这就化成上面的情况。

（3）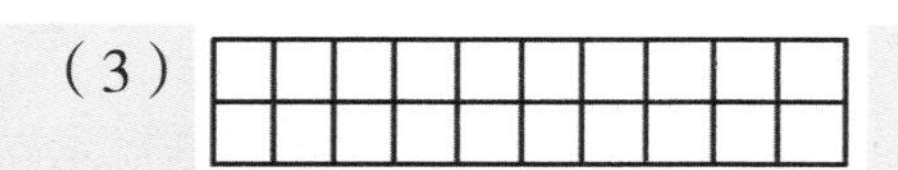

再进一步，如果巧克力是正方形 $a\times a$，后取的胜。因为先取的一定“破坏”了正方形，而后取者又可将不是正方形的巧克力“恢复”成正方形，这样继续下去，知道后取者将巧克力变成一格（1×1 的正方形）。

如果巧克力不是正方形，那么先取者胜（先取者将它变成正方形，化成刚讨论过的情况）。

对于 6×10 的巧克力，甲有百战百胜的策略。他可以使留下的巧克力变为 6×6 的正方形。如果乙使巧克力变为 6×4，那么甲再将巧克力变成 4×4 的正方形…只要甲每次将巧克力变为正方形，他就立于不败之地了。

（4）

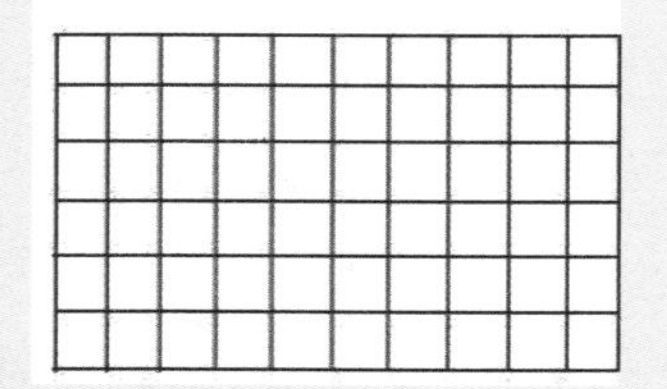

学法指导：从简单情况入手，是解数学问题的基本方法。复杂的情况，往往能“化归”成已经讨论过的、比较简单的情况。从简单的情况中找规律再去解答较复杂的问题。

【趣味拓展】

小熊的妈妈生病了，为了能挣钱替妈妈治病，小熊每天天不亮就起床下河捕鱼，赶早市到菜场卖鱼。一天，小熊刚摆好鱼摊，狐狸、黑狗和老狼就来了。小熊见有顾客光临，急忙招呼：“买鱼吗，我这鱼刚捕来的，新鲜着呢！”狐狸边翻弄着鱼边问：“这么新鲜的鱼，多少钱一千克？”小熊满脸堆笑：“便宜了，四元一千克。”老狼摇

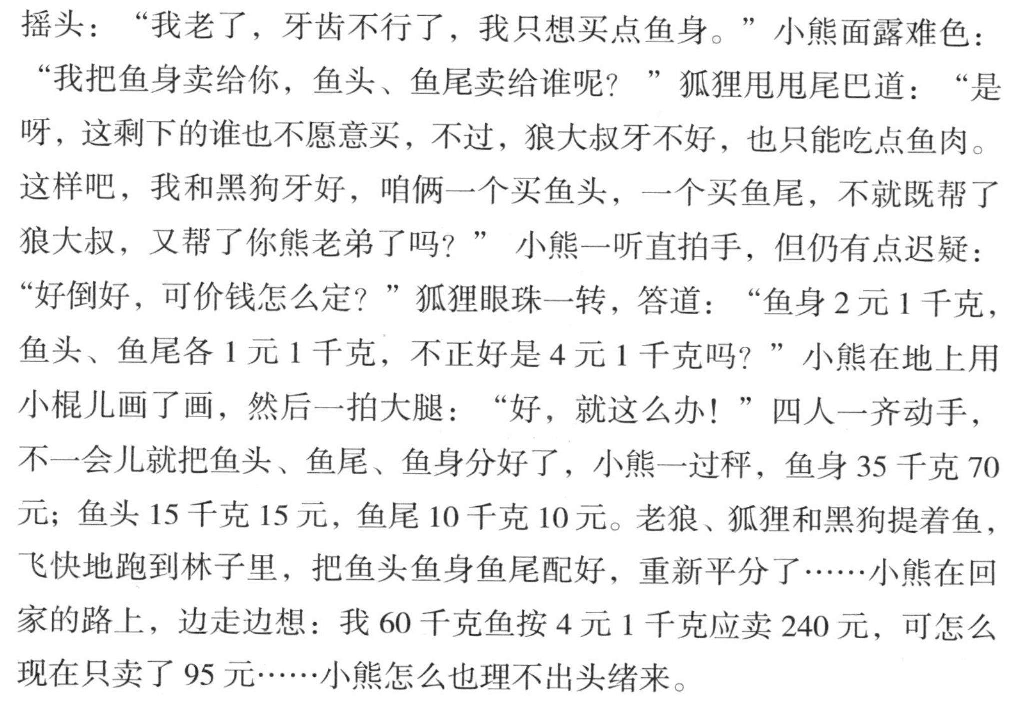

摇头：“我老了，牙齿不行了，我只想买点鱼身。”小熊面露难色：“我把鱼身卖给你，鱼头、鱼尾卖给谁呢？”狐狸甩甩尾巴道：“是呀，这剩下的谁也不愿意买，不过，狼大叔牙不好，也只能吃点鱼肉。这样吧，我和黑狗牙好，咱俩一个买鱼头，一个买鱼尾，不就既帮了狼大叔，又帮了你熊老弟了吗？”小熊一听直拍手，但仍有点迟疑：“好倒好，可价钱怎么定？”狐狸眼珠一转，答道：“鱼身 2 元 1 千克，鱼头、鱼尾各 1 元 1 千克，不正好是 4 元 1 千克吗？”小熊在地上用小棍儿画了画，然后一拍大腿：“好，就这么办！”四人一齐动手，不一会儿就把鱼头、鱼尾、鱼身分好了，小熊一过秤，鱼身 35 千克 70 元；鱼头 15 千克 15 元，鱼尾 10 千克 10 元。老狼、狐狸和黑狗提着鱼，飞快地跑到林子里，把鱼头鱼身鱼尾配好，重新平分了……小熊在回家的路上，边走边想：我 60 千克鱼按 4 元 1 千克应卖 240 元，可怎么现在只卖了 95 元……小熊怎么也理不出头绪来。

你知道这是怎么一回事吗？

执笔人：彭伟

我会玩格子算

小朋友们还记得方格砖上的跳房子游戏吗，或者和小伙伴在方格本上玩五子棋？今天咱们玩一个在方格里填数字算和的游戏。

【游戏说明】

学习了加法笔算，总是在本上竖式计算，小朋友兴趣不浓，通过玩格子算的游戏，感受来自印度的从高位算起法，给笔算加法的学习增添一点乐趣。

【游戏内容】

1. 用格子计算 35+26=？

（1）加数是两位数，画三条横线，三条纵线，组成外面没有边线的 5×5 格子；

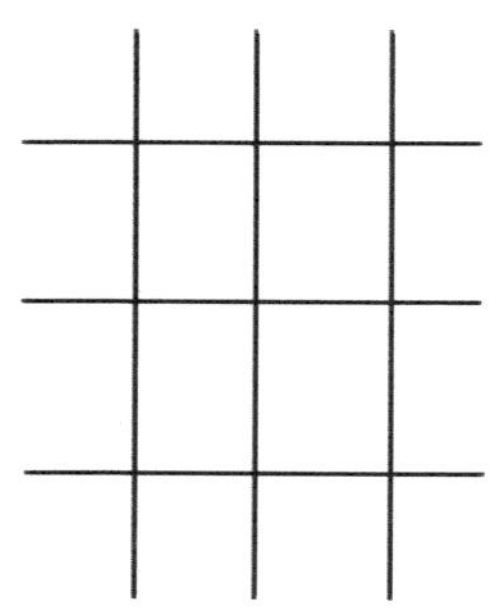

（2）在左上角格子处填上加号，在格子的第一行末端填好第一个加数（每个格子中填写一个数字），格子第一列加号下面的格子填好第二个加数（第二个加数最高位与加号之间不空格）；

+		3	5
2			
6			
答			

（3）先加十位上的数字；

+		3	5
2		5	
6			

（4）再加个位上的数字；

+		3	5
2		5	
6		1	1
答			

注意：11 满 10，个位上的 1 写在交叉的格子里，十位上的 1 写在前一个格子里。

（5）从十位向个位，将各个数位上的数字和依次相加。

+		3	5
2		5	
6		1	1
答		6	1

最终答案：61.

2. 同桌互相出一道题，试着用格子计算。先完成的，答案正确的获胜。

注意：如果把两位数不同的加数填入格子时，一定要记得把缺少的数字用 0 补齐，使两个加数拥有相同的位数，然后再计算。

如 84+7

+		9	8
0			
7			

你知道横行的加数前面为什么要空一个方格了吗？

【知识链接】

在一年级下学期学了两位数的笔算加法，二年级学习了万以内数的加法和减法，四年级第一学期学习了大数的认识单元后都可以进行用格子算加法的游戏。

印度格子算的运算顺序是从高位到低位，这刚好与我们习惯的笔算加法从低位算起的运算顺序相反，我们可以利用格子算对笔算的结果进行检验，拓展数学认知。除了好玩，格子算的优点不知你发现了没有：因为每个数字都要规范的填入对应的格子，清晰的格子帮助我们避免了因对错数位而导致的计算错误。

【游戏拓展】

用格子计算：457+214　466+798　1032+2431　3497+3506　94+7　2769+35　47+566　969+7521

执笔人：关爱民

看积猜因数游戏

我们已经学习了笔算乘法，学习了应用乘法分配律使计算简便，能不能根据积，直接说出其中一个因数呢？

【游戏说明】

通过看积猜因数游戏，促使小朋友将简算方法与逆向猜因数结合起来思考，发展小朋友的观察能力、推理能力和逆向思维能力。

【游戏内容】

活动 1　独立计算观察发现规律

写出几个两位数，分别与 99、999、101 相乘

45×99=4455　45×999=44955　45×101=4545

36×99=3564　36×999=35964　36×101=3636

58×99=5742　58×999=57942　58×101=5858

83×99=8217　83×999=82917　83×101=8383

计算观察乘积与算式，将自己的发现记在心里。

活动 2 应用规律猜因数

1. 三人一组。

2. 其中一个小朋友脑子里想一个两个数，写在纸上。

3. 计算出这个数与 99（或 999、101）的积。

4. 把这个积告诉另外两名小朋友，请小朋友猜因数。反应快，答案正确的小朋友记 1 分。

5. 小朋友交换角色，玩猜数游戏，最后得分最多的获胜。

6. 三人交换获胜秘诀。

举例：

小朋友 1：我想了一个两位数，它与 99 的积是 8613，猜猜这个两位数是几?

小朋友 2：我猜是 87。

小朋友 3: 我猜是……

小朋友 1：此局小朋友 2 回答又对又快，记 1 分。

【知识链接】

三年级第二学期在学习了乘数是两位数的笔算乘法，四年级第一学期学习了乘法的简便算法后，小朋友可以在课上和小朋友，回家与家长共同玩猜因数这个游戏，增强小朋友的简算意识，培养小朋友的逆向思维能力和推理能力。

“一个两位数和 99 相乘只要把这个两位数去 1 写在积的前两位，同时在积的末两位写上这个数的补数（补数是指能和这个数凑成 100 的数）。”反之，已知一个两位数与 99 的积，可以把积的前两位加 1，也可以用 100 减积的后两位两种方法，猜出另一个因数。

“一个两位数和999相乘只要把这个两位数去1写在积的前两位，同时在积的末三位写上1000与这个两位数的差。”反之，已知一个两位数与999的积，可以把积的前两位加1，也可以用1000减积的后三位或用100减去积的后两位三种方法，猜出另一个因数。

“一个两位数与101相乘只要把这个两位数连续写两遍，得出的四位数是它们的乘积。”反之，已知一个两位数与101的积，积的前两位就是原来的两位数。

【游戏拓展】

1. 一个三位数与1001相乘得879879，这个三位数是几？

2. 小红计算器上任意输入一个三位数，老师让她乘27，得数再乘37，现在小红告诉老师，积的末三位数是577。小红在计算器上输入的三位数是（　　）。

执笔人：关爱民

抢数游戏

我们数数时可以一个一个地数，两个两个地数，五个五个地数，数数也能激发我们的思维呢！

【游戏说明】

这个游戏中、高年级的小朋友都适用，可以两人一组玩，也可以采用小组对抗赛形式进行。通过抢数游戏，激发小朋友在数学海洋中探秘的动机，在如何取胜的本质追寻中，发展小朋友的逆向思维能力，逻辑推理能力。

【游戏内容】

活动 1 抢 30

三位小朋友一组，一人记录，另外两人从 1 开始轮流往下报数，每次至少报 1 个数，至多报 3 个数，报 30 的小朋友为胜，记 1 分。

举例：

第一局：

小朋友 1：1。

小朋友 2：2，3。

小朋友 1：4，5，6。

小朋友 2：7，8。

小朋友 1：9，10，11。

小朋友 2：12。

小朋友 1：13，14。

小朋友 2：15，16，17。

小朋友 1：18，19。

小朋友 2: 20，21，22。

小朋友 1: 23，24。

小朋友 2: 25，26。

小朋友 1: 27。

小朋友 2: 28，29，30。

小朋友 2 胜利，记 1 分。

第 2 局：小朋友 1 与小朋友 3 游戏，小朋友 2 记录。

第 3 局：小朋友 2 与小朋友 3 游戏，小朋友 1 记录。

总分多的为最后胜者。

观察记录单，试着寻找获胜秘诀。

活动 2 取扑克牌游戏

三位小朋友一组。两名小朋友轮流取牌，每次至少取 1 张，至多取 3 张，取最后一张牌的小朋友算输，对方记 1 分。一人记录另两人每次取牌的张数。

玩 3 局后试着寻找获胜的规律。

活动 3: 取火柴游戏

准备 56 根火柴，三位小朋友一组。两名小朋友轮流取火柴，每次至少取 1 根，至多取 4 根，谁取完为胜，记 1 分。一人记录两人每次取火柴的根数。

玩 3 局后试着寻找获胜的规律。

【知识链接】

这几个游戏，都是考察小朋友的逆向思维，训练小朋友树立把问题倒过来想的意识。

抢 30——

（1）假设你报 30，在这一次之前，你应当报到几呢？（不能报 29，也不能报 28 或 27）应该报到 26。

（2）那要抢 26，先抢什么呢？先抢 22。

（3）得到一连串取胜的数——30，26，22，18，14，10，6，2。这样第一个人应该报到 2，他就可以陆续报到 6，10，14，18，22，26，30。第一个报数的人有获胜先机。但如果第一个人不知道诀窍，让第二个人抢去一个取胜的数，胜利就可能易手了。

（4）每两个相邻的关键数相差 4，30÷4 余数是 2，就是最小的那个关键数。因为 4=3+1=2+2=1+3，报 2 后，根据对方报的数，采取相应的策略。也就是对方报一个数，你报三个数；对方报两个数，你也报两个数；对方报三个数，你报一个数，使两个人所报的数的个数和是 4 个。这样，你每次报到的数就都是关键数了。

取扑克牌游戏——取到最后一张的算输，取到第 53 张牌获胜，然后是 49，45，41，37，33，29，25，21，17，13，9，5，1。第一个取牌的取 1 张，根据对方取的牌数，采取相应的策略，与对方取的牌数合起来是 4 张，第一个人获胜。

【游戏拓展】

与小朋友、老师或家长玩下面的游戏，思考一下获胜秘笈。

有 60 根火柴，两人轮流取火柴，每次至少取 1 根，至多取 4 根，谁取完为胜。

执笔人：关爱民

0 占位游戏

在自然数中，0 表示什么都没有，但它的作用却不能小看！今天我们就来玩一个 0 占位的游戏。拿出数字卡片“3”，问：如果在整数 3 后面添一个 0，它会发生怎样的变化？如果想给 3 缩小 10 倍，0 怎么占位？

【游戏说明】

通过这个游戏，深化小数的基本性质和小数点位置的移动引起小数的大小变化的知识，在参与活动中，发展你们的倾听能力和快速反应能力，提高思维的灵活性和敏捷性。

【游戏活动】

准备数字卡片 1 ~ 9 各一张，数字卡片 0 若干张，小数点一张。

活动 1 按要求摆数

两个小朋友一组，一人任意摸出 1 ~ 9 数字卡片中的一张或几张，另一个小朋友听第一人的要求摆数，摆对记 1 分，每人摆 5 次，然后交换，最后得分高的小朋友获胜。

举例：

小朋友 1：我摸出数字 5，请给 5 缩小 10 倍。

小朋友 2：5 缩小 10 倍，需要把小数点向左移动一位，5 的前面摆数字 0，用小数点与 5 隔开（边说边摆）。

小朋友 1：现在变出一个与 0.5 大小一样的小数。

小朋友 2：小数的末尾添上“0”或去掉“0”，小数的大小不变，我在 0.5 后面摆 1 个 0，0.50=0.5。

小朋友 1：: 把 0.5 缩小到它的十分之一。

小朋友 2：……

活动 2 根据数说变化规律

两个小朋友一组，一人任意摸出几张卡片，告诉对手，然后按照摸出卡片的顺序，摆出一个小数，第二个小朋友写出自己根据这几张卡片想到的一个数，第一个小朋友说出自己摆出的数如何变成对手写出的数，重点说清楚小数点的位置和小数的大小有什么变化。回答正确记 1 分。

举例：

小朋友 1：摸到数字 5、8、6，利用 0 和小数点摆出 58.60

小朋友 2：写出小数 0.586。

小朋友 1：58.60 变成 0.586，小数点需要向左移动两位，小数缩小 100 倍。

玩 5 次后，两人交换角色，最后比较总分多的获胜。

【知识链接】

这个游戏是与四年级下册教材小数的意义和性质相对应的，学习了小数的基本性质，你们可以在课上、课下玩这个游戏，可以巩固相关知识，帮助我们建立完整的认知结构，训练我们的快速反应能力，提高思维的灵活性。

【游戏拓展】

填上合适的单位，使下面的等式成立。

6（ ）=60（ ）=600（ ）

0.7（ ）=7（ ）=70（ ）

执笔人：关爱民

摸球游戏

小朋友们今天我们来做个摸球游戏，这游戏可需要大家在组内好好合作呀，那样才能有所收获。

【游戏说明】

组长记录，摸出一个球后再把球放进去晃晃再摸。

【游戏内容】

1. 摸一摸。4 人轮流摸球，共摸 20 次，摸出一个球，小组长记录一次颜色，然后把球放回盒内再摸；

2. 记一记。记录时，白球用“√”表示，黄球用“×”表示；

3. 议一议。小组交流：摸到（ ）球的次数多，摸到（ ）球的次数少，跟你们的猜测一样吗？为什么会出现这样的实验结果？

4. 填一填。填写实验结果。

实验记录：

第几次	1	2	3	4	5	6	7	8	9	10	11	12	13	14	15	16	17	18	19	20
颜色																				

实验结果：

我们组共摸球（ ）次，其中摸到白球（ ）次，黄球（ ）次。摸到（ ）球的次数多，摸到（ ）球的次数少。

实验证明：

因为 ______________，所以 摸到 ( ) 球的可能性大，摸到 ( ) 球的可能性小.

【知识链接】

这游戏是在学习可能性课伊始做的，通过摸球游戏对概率有一个初步的认识。

【趣味拓展】

盒子中有 1 4 个球，分别是 8 个白球、 4 个黄球和 2 个红球。摸出一个球，可能摸到哪种颜色的球？摸到哪种球的可能性大，为什么？

执笔人：仇立民

五 年 级 篇

百宝箱

孩子们，今天我给大家送来了礼物！（出示百宝箱）大家想要吗？可是这上面有锁，而且是一个密码锁，打不开，怎么办？密码是一个三位数，它是一个偶数，还是 5 的倍数；最高位是最小的合数；十位是 10 以内最大的质数，你能打开密码锁吗？

【游戏说明】

百宝箱的游戏是想让小朋友们通过小组合作来强化质数、合数概念，加深对其特征的认识，能正确判断一个数是质数还是合数。让小朋友能通过观察、实验，经历质数和合数的认识和辨别过程，培养小朋友观察、比较、归纳、概括的能力，能够清晰、有条理地表达自己的思考过程，并能用数学语言合乎逻辑地进行讨论与质疑。

【游戏内容】

1. 用正方形拼摆长方形

黑板上有 4 个小正方形，用这 4 个小正方形拼摆成长方形，有以下两种拼摆方式：

①长方形

②正方形（正方形是特殊的长方形）

2. 宣布比赛规则

今天我们开展一次拼摆长方形的比赛，现在用你们小组所拥有的正方形拼摆长方形，哪个小组所拼摆出的长方形多，哪个小组就获胜。

课前准备的学具：1组：2个正方形；2组：7个正方形；3组：9个正方形；4组：10个正方形；5组：11个正方形；6组：18个正方形；7组：24个正方形

【设计意图】

因为小朋友不知道自己的学具袋中到底有多少个小正方形，所以在此故意设计了比赛拼摆长方形的不公平的比赛规则，让小朋友明白所拼摆的长方形的种类的多少是由正方形块数的因数个数决定的，为了学习质数和合数的概念作了铺垫。

3. 小朋友小组合作，动手拼摆长方形（教师巡视），并将信息记录在表格中。

小正方形的个数	长方形： 长（ ） 宽（ ）	几种拼法
2	2、1	1
7	7、1	1
9	①9、1；②3、3	2
10	①10、1；②5、2	2
11	11、1	1
18	①18、1；②9、2； ③6、3	3
24	①24、1；②12、2 ③3、8 ④4、6	4

【设计意图】

有了刚才拼摆长方形激发小朋友的动手操作的兴趣，充分的运用手中的正方形纸片拼摆长方形，在这个过程中，渐渐有小朋友放弃了纸片这一操作工具，直接用找因数的方法，发现了拼得的长方形的长和宽与正方形的个数的关系。从而为拼得长方形的个数与小方块个数的因数有关这一发现埋下伏笔。

4. 汇报展示：

1 组：我们小组有 2 个小正方形，拼摆了 1 种长方形，长是 2cm，宽是 1 cm。

2 组：我们小组有 7 个小正方形，拼摆了 1 种长方形，长是 7 cm，宽是 1 cm。

3 组：我们小组有 9 个小正方形，拼摆了 2 种长方形，（1）长是 9 cm，宽是 1 cm。（2）长是 3 cm，宽是 3 cm。

4 组：我们组有 10 个小正方形，拼摆了 2 种长方形，（1）长 10 cm，宽是 1 cm。（2）长 5 cm，宽是 2 cm。

5 组：我们组有 11 个小正方形，拼摆了 1 种长方形，长是 11 cm，宽是 1 cm。

6 组：我们组有 18 个小正方形，拼摆了 3 种长方形，（1）长 18 cm，宽是 1 cm。（2）长是 9 cm，宽是 2 cm。（3）长是 6 cm，宽是 3 cm。

7 组：我们组有 24 个小正方形，拼摆了 4 种长方形，（1）长是 24 cm，宽是 1 cm。（2）长是 12 cm，宽是 2 cm。（3）长是 8 cm，宽是 3 cm。（4）长是 6 cm，宽是 4 cm。

5. 透过表象，揭示本质

这次的拼摆长方形的活动，第七组取得了胜利，因为他们拼出的长方形的种类最多，拼摆了 4 种长方形，其他组的同学同意吗？

预设：不同意，不公平。

【设计意图】

宣布本身就不公平的比赛结果，小朋友在不公平中说明为什么不公平，从而继续找到所拼摆的长方形的种类和正方形块数的因数个数有关，和其他的无关。

说出你们的想法。

预设：

小朋友 1：您给第七组的小正方形多，所以他们拼摆出来的长方形种类就多。

小朋友 3：正方形的个数是偶数的，所拼摆的长方形个数就比奇数的多。

小朋友 2：我不同意他的观点，我认为是我们组拥有的小正方形的块数的因数个数少，所以我们组能拼摆出来的长方形的种类少。

针对于上面的几种情况，你们更同意谁的观点呀？为什么？

预设：

我更同意第三位小朋友的观点，因为第五组的是 11 个小正方形，而第 4 组有 10 个小正方形，但是第四组拼摆的长方形种类却比第五组的种类多，所以小正方的个数多少并不能决定所拼摆长方形的种类。

你们仔细地观察表格，认为所拼摆的长方形的种类的多少与什么有关系？

小朋友：所拼摆的长方形的种类与所拥有小正方形的块数的因数个数有关，因数越多，所摆的长方形的种类越多。

那现在老师在给你们一次机会，如果让你从新选择，要想赢得这场比赛，你不会选择哪些数？

小朋友：如果老师在给一次机会的话，我不会选择 2、7、11 这三个数。

为什么你不选择这三个数呢？（从拼摆角度说一说）

现在咱们一起来观察这些数，你有什么发现吗？（这些数有什么

相同点吗？）

预设：

我发现这些数的因数都只有 1 和它们本身。

那么在数学中，我们把这样的数叫做什么呢？

小朋友：我们把像 2、7、11……这样的数叫做质数。

一个数除了 1 和它本身，还有别的约数，这个数叫做合数。

孩子们现在你能猜出百宝箱的密码了吗？

小朋友：是 420。

恭喜你们猜对了。

【知识链接】

百宝箱这个游戏是与北京版教材数学第十册中《质数与合数》相对应的一款课上游戏，这个游戏以百宝箱的密码为引子，让小朋友通过游戏探究质数、合数的特征，培养小朋友搜集和处理信息的能力，养成敢于探索科学之谜的精神，充分展示数学自身的魅力。

【趣味拓展】

1. 猜数字：

（1）既不是质数，也不是合数。（　）

（2）自然书中，最小的质数。（　）

（3）自然数中，最小的合数。（　）

（4）10 以内最大的质数。（　）

（5）自然数中，它既是偶数，又是质数。（　）

2. 自我介绍

利用质数和合数的知识来描述自己的学号。小朋友充分的说明自己学号的特征，其他的小朋友通过该生的描述，猜出他的学号。

执笔人：祖海艳

数字魔术

小朋友们，今天我们玩一个数字魔术的游戏，这个游戏考察我们的推理能力哦，看谁能最先找到线索，识破天机。

【游戏说明】

数字魔术游戏可以引导小朋友们探究数量之间的关系，培养小朋友逻辑推理能力，游戏的趣味性可以增加孩子学习数学的兴趣，提高小朋友们抽象概括能力。

【游戏内容】

活动 1

下图是一张月历表， 我们可以和小朋友用它做游戏。你请一个小朋友在各星期内均任选一天，作为他的休息日。选好后，不要讲出这五天的日期，只要报出五天里星期日有几天、星期一有几天…星期六有几天。我们就可以猜出这五天的日期总和是多少。现在一位同学报告：星期日 1 天，星期一 1 天，星期三 1 天，星期四 2 天。请你来猜一猜这五天的日期总和是多少呢？

日	一	二	三	四	五	六
			1	2	3	4
5	6	7	8	9	10	11
12	13	14	15	16	17	18
19	20	21	22	23	24	25
26	27	28	29	30		

活动 2

玛丽和老师做猜数游戏。玛丽在计算器上任意输入一个三位数，老师让她乘 27，得数再乘 37，把结果的末三位数告诉老师。老师立即猜出玛丽在计算器上输入的三位数是几。现在玛丽告诉老师的末三位数是 142。玛丽在计算器上输入的三位数是多少呢？

玛丽的老师和小朋友做游戏，把老师的眼睛蒙上让老师猜有几位小朋友。老师让每位小朋友写 20 个连续的三位数，然后求出后 10 个数与前 10 个数差。最后由玛丽将每位小朋友所得之差相加，并把得数的前两位数告诉教师，老师根据玛丽提供的数据，猜出了小朋友的人数，你说一说老师是怎么猜的？

活动 3

玛丽的老师和小朋友做游戏。老师给玛丽一张表，请玛丽在这张表中任选一个数圈起来，然后划去和这个数同行及同列的各数。玛丽将这张表传递给下一个同学，第二个同学重复玛丽的做法之后再将这张表传递给下一个小朋友……当表上剩下一个数时由最后的同学圈起来并计算出所有圈起来数的和。老师不用看就能猜出和数，你说一说老师是怎么猜的？

1	2	3	4	5
6	7	8	9	10
11	12	13	14	15
16	17	18	19	20
21	22	23	24	25

13	7	11	8	10
10	4	8	5	7
11	5	9	6	8
12	6	10	7	9
10	4	8	5	7

活动 4

游戏规则：两人玩数学游戏，轮流往下图的 5 个○中填数，填的数为 1、2、3、4、5，每个数只用 1 次，填完后如果四个小三角形的顶点数之和都是偶数，则判首先填数者胜。同学们，先填数者一定必胜吗？说说你的理由。

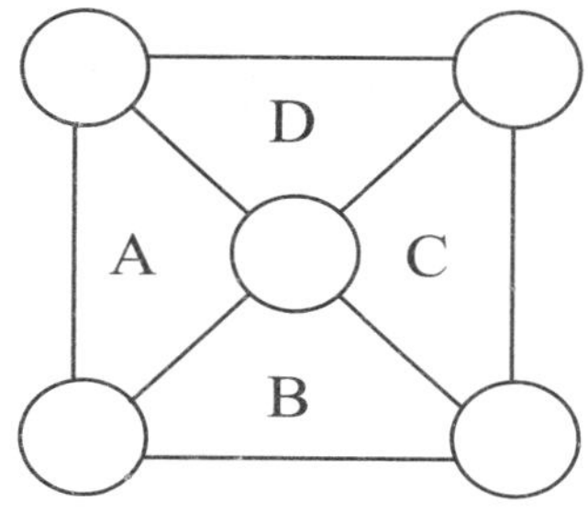

【知识链接】

以上四个游戏活动都是数以及数量关系的游戏，与我们教材中的奇数、偶数，数列，周期等知识相对应，这些游戏可以在讲完相关知识之后小朋友练习玩，熟练之后可以让自己创编类似的猜数游戏，提高自己的创新能力。

【趣味拓展】

玛丽和老师做游戏，两人轮流在下面的正方形网格中任意一格内填数，所填的数只能是 1、3、4、5、6、7、8、9、10 这 9 个数。每个数只能用一次。全部填完后，一、三两行数的和为玛丽的得分，一、三两列数的和为老师的得分，得分高的人获胜。玛丽首先填数，要想一定取胜的话，最初要在哪一方格中填哪个数？请说明理由。

	一		三
一	A	B	C
	D	E	F
三	H	S	K

执笔人：祖海艳

大钻石

孩子们，你们听说过鹤立鸡群的故事吗？今天我就教大家玩一个“大钻石”的游戏，咱们来比一比看谁是最后的赢家，加油哦！

【游戏说明】

这个游戏的要求是，找到一种巧妙的跳法，使最后只剩下一枚棋子，而要求这只棋子又恰好占据着棋盘的中心位置，象兀立于鸡群之中的仙鹤一样。这则游戏名叫“大钻石”（The Grand Diamond），起源于北欧，现在已经传遍全球。此游戏可以培养小朋友全局意识，锻炼小朋友整体布局谋篇的能力。

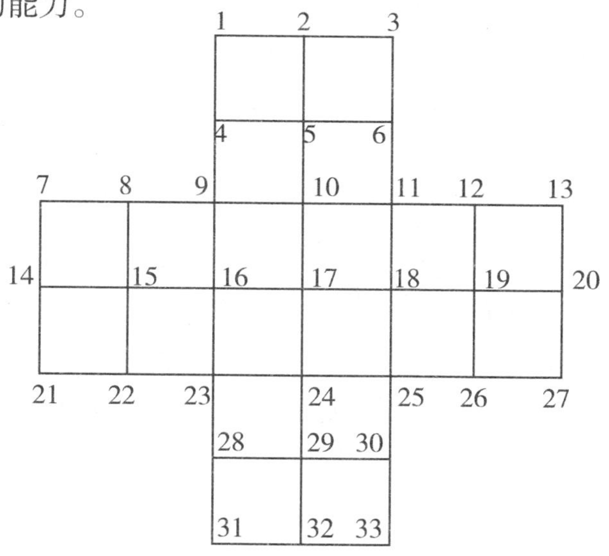

【游戏内容】

下面我们就一起来做一个非常有趣的游戏。先照下图画一个棋盘。开始时，棋盘中所有的格点上共摆着 32 只棋子，棋盘正中间的一个格点（17）空着，不放棋子（你可以用一副象棋棋子来代替，因为象棋棋子也正好有 32 只）。一切准备就绪，就请按下面的走棋规则行事。

1. 每走一步，一只棋子可以跳过另一只与它相邻的棋子，跳到前方的空格上去。例如，在开始时，在 15 的棋子可以跳到位置 17。跳的时候可以横跳或竖跳，但不准斜跳，也不能越过两子或两子以上。

2. 被跳过的一枚棋子立即从棋盘上拿掉。

3. 如果不跳，就不得移动位置。也就是说，“跳”是这个棋的唯一动作，不允许“走”棋。

4. 只要按照上述的合法规则，一枚棋子可以连续的“跳”。

对它的解法，还定了个评分标准：

最后剩下 5 子者：及格。

最后剩下 4 子者：良好。

最后剩下 3 子者：优秀。

最后剩下 2 子者：出众。

最后剩下 1 子且位于中心者：大师。

聪明的同学们。你愿意尝试一下吗？

下面给出的答案仅供参考。

让我们采用记号将解法记录下来。如（5，17）就是一个记号，表示从 5 跳到 17。由于被跳过的棋子在这种记法中是不予表示的，所以小朋友们应将每步跳法与棋盘紧密对照，以免发生错误。

为了增加趣味，便于掌握起见，下面讲解法分成三大阶段。

第一阶段：共 21 步

（29，17），（22，24），（31，23），

（33，31），（16，28），（31，23），

（4，16），（7，9），（21，7），

（10，8），（7，9），（12，10），

（3，11），（1，3），（18，6），

（3，11），（30，18），（27，25），

（13，27），（24，26），（27，25）。

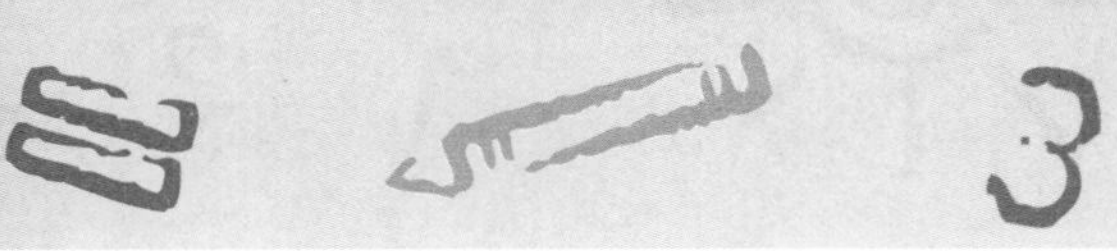

到此为一段落，盘面上还剩下 11 子，组成一只“蜻蜓”（如下图），如果你走不到这个结果，那么一定是在什么地方出了毛病，赶快检查。

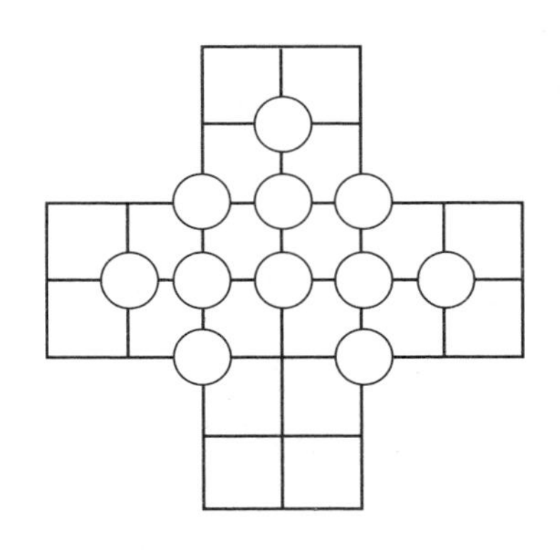

第二阶段：共 6 步。

（10，12），（12，26），（26，24），（24，22），（22，8），（8，10）这一阶段的特点是出现“连跳”动作，此时棋盘上只剩下 5 子(见下图)，已经达到及格标准了。

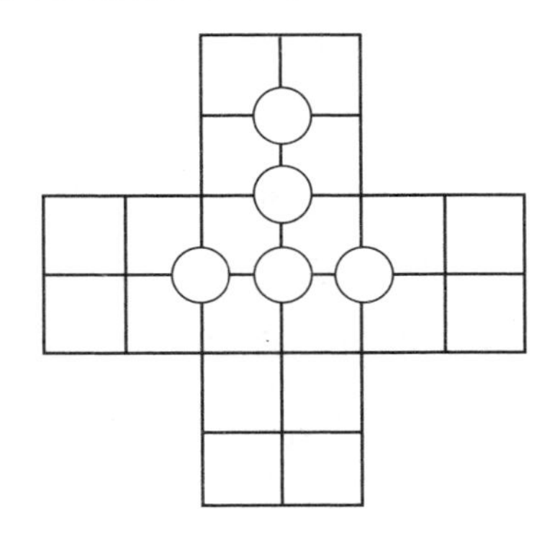

第三阶段：共 4 步。

（17，15），（5，17），（18，16），（15，17）

到此大功告成，只剩下一枚棋子，而且正好占据棋盘的中心位置。

以上解法共需 31 步，同学们在玩这个游戏的时候看看能不能步数更少。

【知识链接】

“大钻石”是与北京版教材第十册中的奇数偶数相对应的游戏。这个游戏不仅可以拓展学生对知识的认识，而且培养学生布局谋篇的能力，树立全局意识。

【趣味拓展】

新中国成立前，在城镇的大路旁边，有时见到各种碰运气、赌输赢的小摊。其中的一种，叫做转糖摊。

转糖摊是一个不动的圆盘，盘上画了偶数个扇形格子，对格子按顺序进行编号。如图1。

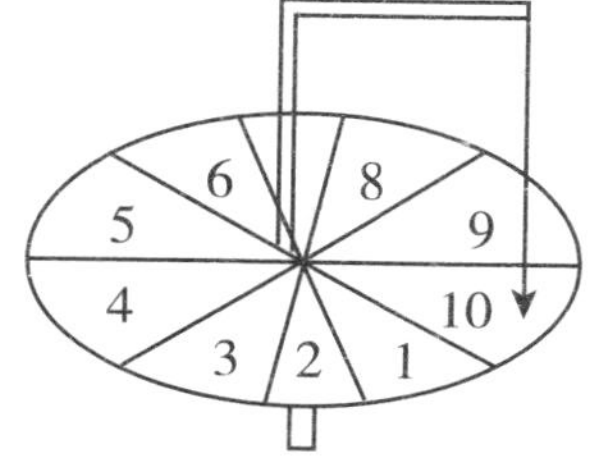

在圆盘的中心，伸出一根可以转动的轴，轴的上端向外垂直伸出一根悬臂，悬臂端吊一根绳子，绳头上系一小铅锤，以指示格子数。

摊主在偶数格子里各放一块小糖，在奇数格子里则分别放上一些引人注目的值钱的东西。玩时，谁付一角钱，就可拨动悬臂转动一次；等停转后，铅锤指到哪格，就根据那格的编号数，从下一格起，按格往下数这个数，数到哪一格，放在那格里的东西就归谁。

粗心大意的人常想，盘子上奇数和偶数格子各占一半。数到偶数格得一块小糖，显然亏了；但若数到奇数格子得一支钢笔什么的，可就赚了。花一角钱不算多，可以碰碰运气。可奇怪的是，在玩时，老是玩的人吃亏，却不见摊主赔本。是玩的人运气不好吗？同学们，快和小伙伴一起来研究一下吧。

执笔人：田桂敏

快乐奇偶

小朋友们，我们数学课上认识的奇数与偶数，也可以出现在我们日常生活的游戏中，让游戏变得更加生动有趣。快来参加这个快乐奇偶游戏吧！

【游戏说明】

通过快乐奇偶游戏，积累判断奇偶数的经验，在参与活动中培养我们的计算能力、倾听能力、反应能力，发展我们的数感。让我们的智力与体力在游戏中同时得到很好的训练和发展。

【游戏内容】

在快乐奇偶游戏中，两组小朋友在相距 1.5 米左右的一组平行线上相对而立，规定一组小朋友为奇数组，另一组小朋友为偶数组。在其身后 10 米左右分别有一条安全线。教师随意说出一个数，两组小朋友需要判断是奇数还是偶数，当老师说的数字是自己的组名时，（奇数或偶数）这组小朋友迅速转身朝安全线方向跑去，而另一组小朋友则迅速追赶，在未到达安全线之前被抓到的小朋友即为失败。若超过了安全线仍未被抓到，那个小朋友即获得胜利！

游戏的目的在于在游戏中巩固奇数偶数的判断，思维与体能得到同时锻炼和发展，这款游戏是小朋友们喜闻乐见的一种游戏。

举例：

事前准备好游戏所需场地：在一块空旷的场地上，画出一组相距 1.5 米左右的平行线，然后再距离这组平行线大约 10 米左右再分别画出一条线，称之为游戏的安全线。

将小朋友平均分为两组，一组为奇数组，另一组为偶数组，在相距 1.5 米的这组平行线上一一对应相对站好。教师喊出 6，偶数组小朋友迅速转身朝着自己所在的安全线方向跑去……而奇数组小朋友，则迅速追赶与自己相对的偶数组小朋友。若在偶数组小朋友未到达安全线之前，将其抓获，则奇数组小朋友获得胜利。若偶数组小朋友已经进入了安全线，仍未被奇数组小朋友抓到，则奇数组小朋友失败。如果老师喊出的口令是 17，则奇数组小朋友迅速转身朝着自己所在的安全线方向跑，偶数组小朋友则去追。

【知识链接】

这个小游戏与教材中奇数、偶数的认识是对应的，在学习奇数、偶数后，我们可以在课下或是课外活动时玩这个游戏，巩固奇数、偶数的判断，增强小朋友数感，培养小朋友倾听和反应能力，同时还可以促进身体素质的提升。可谓是一款集智力与体力于一身的趣味游戏。

【趣味拓展】

为了让游戏更具挑战性，我们还可以适当改变游戏规则。可以不直接喊出数字让小朋友判断奇偶数，可以用一个算式来代替，小朋友们只有先计算后再分析这个结果是奇数还是偶数，最后再做出反应，这样，游戏会变得更具挑战性，也更有趣味。如；教师的口令可以变为：$3\times5+8$　$24\div6+6$　等。

执笔人：吴立红

猜电话号码

学习完《因数和倍数》这一单元的知识后，相信小朋友们都了解了奇数、偶数、因数、倍数、质数、合数等知识，今天我们运用这些知识做一个猜电话号码的小游戏。

【游戏说明】

通过猜电话号码的小游戏，巩固奇数、偶数等相关知识点，发展你们的推理判断能力和数感，在参与活动中培养你们的倾听能力和竞争力。

【游戏内容】

老师家的电话号码是 8 位数，每个数字依次是（高位到低位）：

①最小的质数；

② 5 的最小倍数；

③有因数 2 和 4 的最大一位数；

④既不是质数也不是合数的数；

⑤最小的合数；

⑥比最小质数多 2 的数；

⑦最小的偶数；

⑧ 3 的倍数的最大一位。

在小游戏中，一位小朋友出示每位电话号码的要求，其他小朋友倾听并认真思考后得出数字，看谁的正确率高，速度快。

如：小老师：第一位数字是最小的质数；

小朋友：是 2。

小老师：第二位数字是 5 的最小倍数；

小朋友：是 5

……

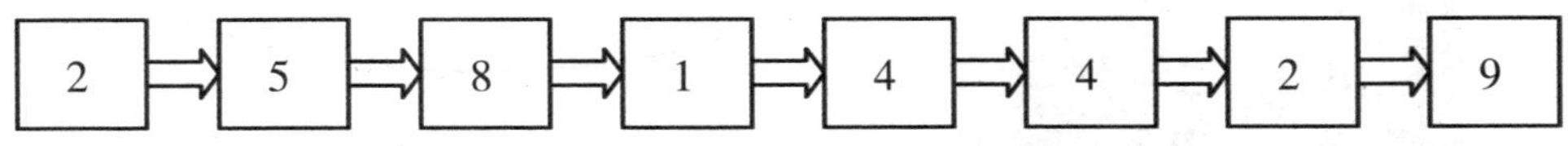

所以电话号码是 25814429。

【知识链接】

这个小游戏与教材中因数倍数等知识是对应的，在学习了因数倍数等知识后，你们可以在课上或课下玩这个游戏，巩固了《因数和倍数》单元中的知识点，增强数感，培养推理、倾听能力。

【趣味拓展】

外婆家的电话分机号码是四位数，记不清是多少，只记得它没有重复数字，并且能同时被 1、2、3、4、5、6、7、8、9 整除。这个号码究竟是多少呢？

答案：从题中条件知道，外婆家的电话分机号码是九个数 1、2、3、4、5、6、7、8、9 的一个公倍数。

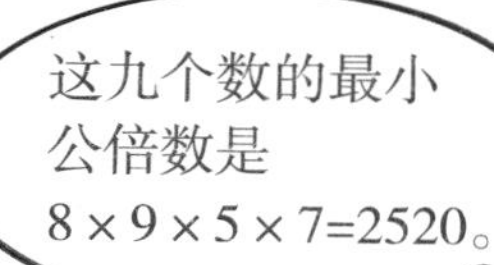

四位数中，还有两个是2520的倍数，它们分别是5040和7560，其中只有7560不含重复数字。因而所求的电话分机号码是7560。

小朋友们，你们猜对了吗？

执笔人：任桂苹

掷色子比赛

生活中的事情都存在着一定的可能性，掷色子也是如此。请大家拿起手中的色子，观察一下，色子是什么形体，共有几个面，每个面上的点数是几？今天我们就用两个色子做一个掷色子比赛。请大家想一想，两个色子掷出的点数会有几种可能？点数分别是多少？如果分两组比赛，怎样分更公平？

【游戏说明】

通过掷色子比赛，使小朋友进一步认识随机现象，通过游戏活动感受随机现象发生的可能性是有大有小的，感受随机现象的特点和数据的可能性。

【游戏内容】

1. 用两颗色子同时掷 20 次。

2. 把点数之和分成两组，第一组：5、6、7、8、9；第二组：2、3、4、10、11、12。

3. 双方各选一组，每次掷出的点数和在哪一组，该组赢；最终，赢的次数多的一方获胜。

【知识链接】

这个小游戏是在学习完“可能性”的知识后进行的，通过思考掷两个色子发生的可能性，以及怎样分组更公平引发思考，再通过实际操作掷色子的活动，体会随机现象发生的可能性是有大有小的，感受随机现象的特点和数据的可能性，发展你们学习数学的兴趣。

【趣味拓展】

摸出同色球

有红、黄、绿三种颜色的小球各 10 个，混合放在黑布袋里，一次至少摸出______个球才能保证有 4 个是同色的。

你猜对了吗？

执笔人：任桂苹

我会组分数

扑克牌，可以玩比大小游戏，可以玩24点游戏，还可以用来组分数。

【游戏说明】

本游戏就是利用扑克牌，帮助小朋友练习组真分数、假分数，练习把假分数化成整数或带分数。

【游戏内容】

1. 准备一副扑克牌。两位小朋友一组，先任意摸出两张，字面朝上放在桌上，其中一张牌上的数字做分母，另一个做分子，第一个小朋友说出分数，并将假分数化成整数或带分数。

举例：如果摸到 ♦3 和 ♥5，可以组成分数$\frac{3}{5}$也可以组成$\frac{5}{3}$，将$\frac{5}{3}$化成带分数是$1\frac{2}{3}$。

2. 第一个小朋友再摸一张牌，如果这时摸出的牌与原来已摸出的两张牌之一花色相同，分数的分母、分子还可以是其中花色相同的两张牌上的数字之和、数字之积。

如再摸出 ♣6，第一个小朋友可以组成真分数$\frac{3}{6}$化简成$\frac{1}{2}$，组成$\frac{5}{6}$；组成假分数$\frac{6}{3}$，化成整数 2；组成假分数$\frac{6}{5}$，化成带分数$1\frac{1}{5}$。

如果第一个小朋友摸出的是 ♥6，则除去可以组成$\frac{3}{6}$、$\frac{5}{6}$、$\frac{6}{3}$、$\frac{6}{5}$四个分数外，还可以组成$\frac{3}{11}$、$\frac{3}{30}$、$\frac{11}{3}$、$\frac{30}{3}$。

3. 第二个小朋友也是先摸出两张牌，说出可以组成的分数，再摸出第三张牌，看又能组出哪些分数，组出分数个数多的小朋友为胜。

【知识链接】

这个游戏，是与五年级下册分数的意义和基本性质单元对应的内容，小朋友们认识了真分数、假分数，学习了把假分数化成带分数或整数，我们可以利用扑克牌玩这个游戏，把自己从枯燥的练习中解脱出来，既调动了学习的兴趣，又巩固了所学的知识，还能培养我们的有序思考习惯，训练我们思维的敏捷性，提高推理能力。

【游戏拓展】

学习了分小互化后，在上面游戏的基础上，还可以增加一个环节，判断组成的分数能否化成有限小数，让小朋友在游戏中进行多层次的练习，提高思维的敏捷性。

执笔人：关爱民

二倍二倍快躲开

扑克牌，还可以玩出新花样，叫做“二倍二倍快躲开”。

【游戏说明】

通过这个游戏，深化2的倍数相关知识，提高加法口算、心算能力，提高思维的敏捷性和推理判断能力。

【游戏内容】

1. 两人一组，从一副扑克牌里，每人各拿出12张：A、2、3、4、5、6、7、

8、9、10、J、Q。一人全拿黑桃，一人全拿红桃。A算1点，J算11点，Q算12点。这样，每人都拥有一套从1点到12点的牌，拿红牌的是红方，拿黑牌的是黑方。

2. 每人把自己的12张牌打乱顺序，背朝上，摆在自己面前。两人轮流翻牌。如果自己翻出的牌里，任何两张的点数都没有倍数关系，就是成功的，可以继续翻牌，也可以停止翻牌，做成一组成功的牌。谁翻的牌里最先出现二倍关系，谁就输掉了这一盘。

举例：

（1）在两人都翻开四张后，第一人是红桃1、3、4、9，第二人是黑桃2、3、5、10。在第二个人的牌里，10是5的倍数，第二个人输了。赢得人记10分。

（2）如果两个人各自做成一组成功的牌，就比谁的点数大，点数大的人胜利，记10分。如果点数相等，就成为平局，各记5分。

如果两人都翻开3张牌后，第一人翻开的牌是黑桃9、8、10，第，二人翻开的牌是红桃8、10、7。

这时，第一人停止翻牌，做成了一组，点数是9+8+7=27。第二个人也赶紧算了一下自己的点数：8+10+7=25，如果第二人也停止翻牌，就比第一人少2点，输定了。若是再翻一张牌呢，如果翻到4，那么在翻出的牌里，8是4的二倍，就输了；如果翻到5，那么10是5的二倍，也输了。但是翻到其他牌都会增加分数，可能超过对手。

【知识链接】

二年级小朋友学习了倍的认识，我们可以在课上、课下玩这个游戏，培养心算能力和观察、推理能力。五年级小朋友学习了树的整除单元，可以作为游戏拓展的内容，思考与规律的探索。

【游戏拓展】

他们为什么不再翻牌？

一次，两名小朋友玩翻牌游戏，每人都翻出了 8 张牌，局面是这样的：

甲：2，3，5，7，8，9，11，12。

乙：1，3，4，7，9，10，11，12。

这时两人的牌里都没有二倍关系，都是成功的。算一算点数，得到：

甲：2+3+5+7+8+9+11+12=57。

乙：1+3+4+7+9+10+11+12=57。

两人的分数相等。甲停止翻牌，乙也停止翻牌，握手言和。

为什么两个人都小心翼翼，不再翻牌呢？难道不想取胜吗？

原来，玩这种“二倍二倍快躲开”游戏，有一个规律：最多只能取出 8 张成功的牌。如果冒险取出第 9 张牌，就怎么也躲不开二倍关系，必输无疑。这在数学里已经证明了，因为这种扑克游戏来源于一道数学竞赛题，原题如下：

从 1、2、3、4、5、6、7、8、9、10、11 和 12 中至多能选出几个数，使得在选出的数中，每一个数都不是另一个数的 2 倍。

答案是 8 个数。

从上面甲和乙的牌局里，已经看到能选出 8 个数的两组实例。为什么选 9 个就一定出现二倍关系呢？

首先考虑那些肯定不会有二倍关系的数。它们是：7，9，11。

这 3 个数可以全部选出来。

其次，有两个数组成一对二倍关系的小圈子，它们是：（5，10）。

所以，在 5 和 10 这两个数里，可以选出 1 个，也只能选出 1 个。

第三，有 3 个数组成两对二倍关系，它们是：

（3，6），（6，12）。

所以，在 3 个数 3、6、12 中，至多可以选出两个数 3 和 12。

最后，还剩下 4 个数，它们组成二倍关系的连环套：

（1，2），（2，4），（4，8）。

所以，在 4 个数 1、2、4、8 中，至多可以选出两个数，或者是 1 和 4，或者是 2 和 8，或者是 1 和 8。

总而言之，不含二倍关系，至多可选出的个数是

3 + 1+2+2=8（个）。

这正是问题所需要的答案。同时也确定了全部不含二倍关系的 8 组数，它们是：

①7，9，11；3，12；5；1，4。

②7，9，11；3，12；5；2，8。

③7，9，11；3，12；5；1，8。

④7，9，11；3，12；10；1，4。

⑤7，9，11；3，12；10；2，8。

⑥7，9，11；3，12；10；1，8。

其中第⑤组各数的和最大，和是 62。可见在扑克游戏“二倍二倍快躲开”里，胜利者能取得的最高点数是 62。

执笔人：关爱民

读心术

小朋友们，我们已经学习了乘除法的基本运算，今天我们来做一个游戏，名字叫做“读心术”。

【游戏说明】

通过“读心术”游戏，进一步掌握乘除法的运算法则，培养我们的整体考虑，倾听能力、注意力和逆向思维。

【游戏内容】

第一个小朋友心里想一个偶数，把它乘 3，取积的一半再乘 3，再把所得的数除以 9。把商是多少告诉第二个小朋友，第二个小朋友猜出为胜利。

活动1 猜偶数

（“猜偶数”游戏）举例：

假设第一个小朋友心里想的偶数是6，乘3得18，取其一半是9，再乘以3得27，再除以9，就得到3，商的结果3告诉第二个小朋友。

第二个小朋友猜出6，胜利。

这是最初级的玩法，小朋友经过几轮游戏以后，掌握规则，培养初步的逆向思维，培养小朋友的倾听习惯和注意力。

活动2 猜奇数

假设起初想定的是任意一个整数，那么只要稍加变化，这个小戏法就可以用更一般的形式来表演。

（“猜奇数”游戏）举例：

如果起初的数乘3以后，乘积不能被2整除，那么先把乘积加上1，然后除以2，以后的步骤同前面一样。但要注意，在这种情况下，要把最后所得的商乘以2再加上1，才能得到起初的数。

例如，想定的数是5，乘以3得15，15不能被2整除，必须先加上1而得到16，16的一半是8，乘以3得24，除以9，商等于2（余数是6），把这个商数乘以2再加上1，就得到原来想定的数5。

如果你是初次表演这个小戏法，而你的小伙伴想定的数乘以3后不能被2整除，那他一定会问：如果不能被2整除，该怎么办？他这样问就是暗示你，在猜数的时候要把商的2倍再加上1。你也可以自己问他，他想定的数的三倍能不能被2整除？不过，要让你的小伙伴觉得，你这样问是为了帮助他完成所要求的一系列算术运算，而不要让他疑心他的回答会帮助你猜到他原来想定的数。

【游戏解密】

这个小戏法的秘密在哪里呢？

解答：如果想好的偶数为 $2\times n$（$2\times n$ 表示一个偶数），对它进行题中所指出的一系列运算时，我们依次得到

$2\times n\times 3=6\times n$，$6\times n\div 2=3\times n$，$3\times n\times 3=9\times n$，$9\times n\div 9=n$，

我们来验证一般情形下的规则。如果想定的数是偶数，那么上面我们已经验证过了，现假设想定的是奇数 $2\times n+1$（$2\times n+1$ 表示一个奇数），则我们的运算是：

$(2\times n+1)\times 3=6\times n+3$，因为这个数不能被 2 整除，所以先加上 1，得

$6\times n+3+1=6\times n+4$，把这个数除以 2，得到 $3\times n+2$，然后，

$(3\times n+2)\times 3=9\times n+6$。用 9 除 $9\times n+6$，所得的商为 n（余数为 6），把这个商数乘以 2 再加上 1，就得出原来想定的数 $2n+1$。

【知识链接】

这个小游戏与教材中数的“表内乘法”和“表内除法”对应的，小朋友在学习了乘除法之后，你们可以在课上或课下玩这个游戏，巩固数的认识增强小朋友数感，培养小朋友倾听能力、培养小朋友的注意力和逻辑思维能力、逆向思维能力。

【趣味拓展】

将数字 1 ~ 9 分别填在下面 9 个方格中，使算式成立。

（　）+（　）=（　）

（　）-（　）=（　）

（　）×（　）=（　）

执笔人：杨雪飞

六 年 级 篇

猜猜我是谁?

孩子们，今天老师和你们一起玩个猜数游戏，咱们来看看谁是今天的神探小柯南，加油哦!

【游戏说明】

猜猜我是谁的游戏是一款培养我们逻辑推理能力的室内游戏活动，目的是让我们在游戏推理中探究数量之间的关系，感受数学的神秘，激发我们探究数学奥秘的欲望，在游戏中需要你们认真观察数量之间的规律，通过规律探究数学本质。

【游戏内容】

小老师手中有一些数分别是 2，3，4，5，6，7，8，9 的八张扑克牌，洗好牌后，请两位小朋友任意抽牌，每人一张。之后请这两个小朋友口算：

用甲的数减去 1，再乘 5。从得数中减去 2，再乘 2。最后加上乙手中的数。得数告诉小老师，小老师就能猜出两个人手中的数是几。

例如：甲手中的数是 6，乙手中的数是 8。

$6-1=5$，$5\times5=25$，$25-2=23$，$23\times2=46$。在这个数上加乙的数 8，$46+8=54$。报出得数 54，小老师马上猜出：甲手中的数是 6，乙手中的数是 8。

明明和亮亮，与老师做了几次，老师都猜对了。

小朋友：怎么这么神奇？怎么猜的？这其中有什么的奥妙？

在你们告诉的数上加了一个两位数，得到的两位数的十位数，就是甲手中的数，个位数就是乙手中的数。你们想想我加的两位数是几？

明明和亮亮商量起来。明明：我们列表，多算几个数，找找规律？亮亮，好！

甲手中的数	乙手中的数	报出的得数	老师加的数	教师加后的数
6	8	54		68
2	1	7		21
7	4	60		74

两个小朋友列表一看：68 – 54=14；21 – 7=14；74 – 60=14。所加的数一定是 14。

第二天，明明和亮亮告诉老师："我们知道猜数的秘密了！可是不明白为什么要加 14？"

设甲数为 A，乙数为 B，根据规则，你们计算的过程可以表示为：

〔（A – 1）×5 – 2〕×2 + B，把这个式子化简后就是：10A + B – 14。这个结果加上 14 之后，就是 10A + B，显然十位数就是甲手中的数，个位数乙手中的数。

明明和亮亮恍然大悟！原来把按要求计算后的结果加上 14 之后，所得的新结果的十位上的数就是甲手中的数，个位数乙手中的数。看来事物都是有规律的，找到规律后你就揭开了事情的神秘面纱，小朋友们有意思吧。

【知识链接】

这个游戏是与北京版教材数学第十一册中的方程相对应的一款游戏，这个游戏可以让我们在这个探究后，自己和小伙伴一起创造规律，自己创编猜数游戏的内容，将自己创编的游戏在班内进行猜数游戏，从而提升我们发现问题，提出问题，解决问题的数学综合能力。

【趣味拓展】

孩子们，我们还可以把这个游戏加大难度，你们想一想，如果甲手中的数是一个两位数，应该怎么猜呢？和你的小伙伴一起来挑战吧！

执笔人：万家如

线上线下

小朋友们，生活中大家都玩过纸牌吧，今天我们就利用纸牌来玩个“线上线下”摸牌比大小的游戏，这个游戏拼的不仅是手气，而且还需要你们利用学过的知识进行推理、比较，那咱们就来看看谁能成为今天的牌王。

【游戏说明】

通过这个游戏活动，巩固分数大小比较的方法，在游戏中复习比较大小的方法，在抽牌比较中渗透比较的策略，培养我们在尝试中总结策略，提高运用所学知识，灵活解决问题能力。通过游戏提高学习数学的兴趣，渗透概率和相对性。

【游戏内容】

游戏前的准备：

1. 游戏之前双方先回顾了分数比较大小的方法：

2. 每组准备 1—9 数字卡片共两套，打乱顺序。

3. 每组准备两张分数表，（如下图）每人一张。

$$\frac{(\quad)}{(\quad)}$$

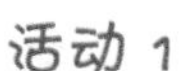

活动 1

两个小朋友一组，每人每次抽一张，抽到的数自己决定放在分母或分子的位置上。再抽下一个数之前，可以根据对方的结果进行调整。哪位小朋友组成的分数大，哪位小朋友就赢。

举例：

第一次抽牌：

小朋友 1：抽到一张数字 4（他决定放在分母上）；

$$\frac{(\quad)}{(\ 4\ )}$$

小朋友 2：抽到一张数字 8（他决定放在分子上）；

$$\frac{(\ 8\ )}{(\quad)}$$

第二次抽牌：

小朋友 1：抽到一张数字 8（他放在了分母上）；

$$\frac{(\ 8\ )}{(\ 4\ )}$$

小朋友 2：抽到一张数字 3（他放在了分子上）；

$$\frac{(\ 8\ )}{(\ 3\ )}$$

结果：小朋友 1 的四分之八小于小朋友 2 的三分之八，所以这局小朋友 2 赢。

活动 2

同上一个活动类似，还是两位小朋友一组，每人每次抽一张，抽到的数自己决定放在哪个数位上。再抽下一个数之前，可以根据对方的结果进行调整。这次哪位小朋友组成的分数小，哪位小朋友就赢。

游戏后的策略总结：

（1）怎样才能赢呢？

（抽到大数的时候放在分子的位置，抽到小一点的数时放在分母的位置。）

（2）如果对方运气特别好，抽到了 1 直接放到了分母的位置，你是不是一定就输了？（不一定，还有机会，只不过这样的机会会小。）

【知识链接】

这个游戏是我们学习了北京版教材数学第六册《分数大小比较》之后的一款游戏，运用课上总结的分数大小比较的方法和策略进行有趣的游戏，目的是强化知识，提升能力，培养兴趣。

【趣味拓展】

小朋友们，实战游戏过后咱们来挑战一下纸上游戏吧，请你独立来挑战，每挑战成功一题就过了一关，你要攻破九关才能取得最后的胜利，加油哦！

小赵，小钱，小孙，小李 4 人讨论一场足球赛决赛究竟是哪个队夺冠。小赵说：“D 对必败，而 C 队能胜。”小钱说：“A 队，C 队胜于 B 队败会同时出现。”小孙说：“A 队，B 队 C 队都能胜。”小李说：“A 队败，C 队，D 队胜的局面明显。” 他们的话中已说中了哪个队取胜，请问你猜对究竟哪个队夺冠吗？

答案：小赵的话说明　D 队败；小钱的话说明　B 队败。

执笔人：祖海艳

巧算 24 点

小朋友们，你的计算水平怎么样，如果不够快，不够准，那么请你经常做一下这个游戏，相信你一定会在短时间内就会有大幅度的提升！来吧，一块玩吧！经典的数学游戏——“巧算 24 点”。它正如象棋、围棋一样是一种人们喜闻乐见的娱乐活动。它始于何年何月已无从考究，但它以自己独具的数学魅力和丰富的内涵正逐渐被越来越多的人所接受。这种游戏方式简单易学，能健脑益智。

【游戏说明】

这个游戏中、高年级的小朋友都适用，不同年级可以选择不同的难度题目，可以组队对抗玩，谁先算出来，四张牌就归谁，如果无解就各自收回自己的牌，哪一方把所有的牌都赢到手中，就获胜了。当然也可以个人玩，不受场地、时间的限制，小巧、方便、快捷、易学。

【游戏内容】

将一副扑克牌中抽去大小王剩下 52 张，（如果初练者也可只用 1 ~ 10 这 40 张牌）任意抽取 4 张牌（称牌组），用加、减、乘、除（可加括号）把牌面上的数算成 24。每张牌必须用一次且只能用一次，如抽出的牌是 3、8、8、9，那么算式为 $(9-8)\times8\times3$ 或 $3\times8+(9-8)$ 或 $(9-8\div8)\times3$ 等。

【知识链接】

“巧算24点”作为一种扑克牌智力游戏，还应注意计算中的技巧问题。计算时，我们不可能把牌面上的4个数的不同组合形式一一去试，更不能瞎碰乱凑靠运气。这里向大家介绍几种常用的、便于学习掌握的方法：

1. 利用3×8 = 24、4×6 = 24求解。

把牌面上的四个数想办法凑成3和8、4和6，再相乘求解。如3、3、6、10可组成（10−6÷3）×3 = 24等。又如2、3、3、7可组成（7 + 3−2）×3 = 24等。实践证明，这种方法是利用率最大、命中率最高的一种方法。

2. 利用0、11的运算特性求解。

如3、4、4、8可组成3×8 + 4−4 = 24等。又如4、5、J、K可组成11×（5−4）+ 13 = 24等。

3. 在有解的牌组中，用的最为广泛的是以下六种解法：（我们用a、b、c、d表示牌面上的四个数）

①（a−b）×（c + d），如（10−4）×（2 + 2）= 24等。

②（a + b）÷c×d，如（10 + 2）÷2×4 = 24等。

③（a − b÷c）×d，如（3−2÷2）×12 = 24等。

④（a + b − c）×d，如（9 + 5−2）×2 = 24等。

⑤ a × b + c−d, 如 11 × 3 + 1−10 = 24 等。

⑥（a − b）× c + d, 如（4−1）× 6 + 6 = 24 等。

游戏时，小朋友们不妨按照上述方法试一试。

需要说明的是：经计算机准确计算，一副牌（52 张）中，任意抽取 4 张可有 1820 种不同组合，其中有 458 个牌组算不出 24 点，如 A、A、A、5。

【趣味拓展】

小朋友们，请你来试一试下面的经典题目，你也是“巧算 24 点”的专家了。

5 5 5 1：5 ×（5−1 ÷ 5）=24

2 7 9 10: 7−2+9+10=24

2 7 10 10: (2 × (7+10)−10=24

2 8 8 8: [2 × (8+8)]−8=24

2 8 8 9: (2+9−8) × 8=24

2 8 8 10: 8+8−2+10=24

2 8 9 9: [2+(9 ÷ 9)] × 8=24

2 8 9 10: [2 × (8+9)]−10=24

2 8 10 10:[2+(10 ÷ 10)] × 8=24

2 9 10 10: 9+10 ÷ 2+10=24

3 3 3 3: 3 × 3 × 3−3=24

3 3 3 4: 3 × (3+4)+3=24

3 3 3 5: 3 × 3+3 × 5=24

3 3 3 6: 3 × (3+3)+6=24

3 3 3 7: (7+3 ÷ 3) × 3=24

3 3 3 8: (3+3−3) × 8=24

3 3 3 9: (9−3 ÷ 3) × 3=24

3 3 3 10: 3 × (10−3)+3=24

3 3 4 4: (3 × 4−4) × 3=24

3 3 4 5: 3 × (4+5)−3=24

3 3 4 6: (3−3+4) × 6=24

3 3 4 7: (4−3+7) × 3=24

3 3 4 8: 3 × (4−3) × 8=24

3 3 4 9: 3+3 × 4+9=24

3 3 5 5: 5 × 5−3 ÷ 3=24

3 3 5 6: 3+3 × 5+6=24

3 3 5 7: (3 × 5−7) × 3=24

3 3 5 9: (5+9 ÷ 3) × 3=24

3 3 5 10:(3−3 ÷ 5) × 10=24

3 3 6 6: (6+6 ÷ 3) × 3=24

3 3 6 7: 3 × (3+7)−6=24

3 3 6 8: 8 × (3+6) ÷ 3=24

3 3 6 9: 3+3 × 9−6=24

3 3 6 10: [10−(3+3)] × 6=24

3 3 7 7: [3+(3 ÷ 7)] × 7=24

3 3 7 8: 7+3 × 3+8)=24

3 3 7 9: [7 ÷ (3 ÷ 9)]+3=24

3 3 8 8: 8 ÷ (3−8 ÷ 3))=24

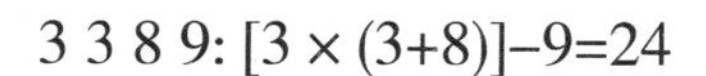

3 3 8 9: $[3\times(3+8)]-9=24$

3 3 9 9: $3+3+9+9=24$

3 4 4 4: $[4\times(3+4)]-4=24$

3 4 4 6: $[3+(4\div 4)]\times 6=24$

3 4 4 8: $(3+4-4)\times 8=24$

3 4 4 10: $[4\times(10-3)]-4=24$

3 4 5 6: $3+5-4-5\times 6=24$

3 4 5 8: $[3\times(5-4)]\times 8=24$

3 4 5 10: $[3\times(4\div 5)]\times 10=24$

3 4 6 8: $[3\times(8-6)]\times 4=24$

3 4 6 10: $[3\times(10-4)]+6=24$

3 4 7 8: $[4\times(7-3)]+8=24$

3 4 7 10: $3+4+7+10=24$

3 4 8 10: $[3\times(10-8)]\times 4=24$

3 4 10 10: $4+3\times 10-10=24$

3 5 5 7: $[7+(5\div 5)]\times 3=24$

3 5 5 9: $[3+(9\div 5)]\times 5=24$

3 5 6 7: $[6\times(5+7)]\div 3=24$

3 5 6 9: $[3\times(5+6)]-9=24$

3 5 7 8: $[7\times(8-5)]+3=24$

3 5 7 10: $(5+10-7)\times 3=24$

3 5 8 9: $[5+(3\times 9)]-8=24$

3 5 9 10: $[3\times(10-5)]+9=24$

3 6 6 6: $[3+(6\div 6)]\times 6=24$

3 6 6 8: $(3+6-6)\times 8=24$

3 6 6 10: $[10\times(6-3)]-6=24$

3 6 7 8: $3+6+7+8=24$

3 6 7 10: $[6\div(3\div 7)]+10=24$

3 6 8 9: $[3-(8-9)]\times 6=24$

3 3 8 10: $3+3+8+10=24$

3 3 9 10: $3+3\times 10-9=24$

3 4 4 5: $3+4\times 4+5=24$

3 4 4 7: $(3+7-4)\times 4=24$

3 4 4 9: $(4-4\div 3)\times 9=24$

3 4 5 5: $3+(5\times 5)-4=24$

3 4 5 7: $3\times(7-5)\times 4=24$

3 4 5 9: $(4+9-5)\times 3=24$

3 4 6 6: $3\times(4+6)-6=24$

3 4 6 9: $(3+9-6)\times 4=24$

3 4 7 7: $3+4\times 7-7=24$

3 4 7 9: $3\times(4+7)-9=24$

3 4 8 9: $[3+(4+8)]+9=24$

3 4 9 9: $[3\times(9-4)]+9=24$

3 5 5 6: $[3\times(5+5)]-6=24$

3 5 5 8: $[3+(5-5)]\times 8=24$

3 5 6 6: $(3+6-5)\times 6=24$

3 5 6 8: $3\times(6-5)\times 8=24$

3 5 6 10: $3+5+6+10=24$

3 5 7 9: $3+5+7+9=24$

3 5 8 8: $3+5+8+8=24$

3 5 9 9: $[5\div(3\div 9)]+9)=24$

3 5 10 10: $[10-(10\div 5)]\times 3=24$

3 6 6 7: $(3+7-6)\times 6=24$

3 6 6 9: $3+6+6+9=24$

3 6 7 7: $(3+7\div 7)\times 6=24$

3 6 7 9: $(6+9-7)\times 3=24$

3 6 8 8: $(3+8\div 8)\times 6=24$

3 6 8 10: $(6+10-8)\times 3=24$

3 6 9 9: (3+9 ÷ 9) × 6=24

3 6 10 10: [3−(6 ÷ 10)] × 10=24

3 7 7 8: [3+(7−7)] × 8=24

3 7 7 10: [7 × (10−7)]+3=24

3 7 8 9: (7+9−8) × 3=24

3 7 9 10: (7+3 × 9)−10=24

3 8 8 8: (3+8−8) × 8=24

3 8 8 10: (8 × 10−8) ÷ 3=24

3 8 9 10: [3 × (10−9)] × 8=24

3 9 9 9: 9+9−3+9=24

3 9 10 10: (9−10 ÷ 10) × 3=24

4 4 4 5: (5+4 ÷ 4) × 4=24

4 4 4 7: (7−4 ÷ 4) × 4=24

4 4 4 9: [4 × (9−4)]+4=24

4 4 5 5: [4+(4 ÷ 5)] × 5=24

4 4 5 7: (4+7−5) × 4=24

4 4 5 10: [4 × (10−5)]+4=24

4 4 6 9: [4 × (4 ÷ 6)] × 9=24

4 4 7 7: [4−(4 ÷ 7)] × 7=24

4 4 7 9: 4+4+7+9=24

4 4 8 8: 4+4+8+8=24

4 4 8 10: [4−(8−10)] × 4=24

4 5 5 5: (4+5 × 5)−5=24

4 5 5 7: (7−5 ÷ 5) × 4=24

4 5 5 9: [5 × (9−5)]+4=24

4 5 6 6: [4 × (6−5)] × 6=24

4 5 6 8: (4+5−6) × 8=24

4 5 6 10: (4+5 × 6)−10=24

4 5 7 8: 4+5+7+8=24

3 6 9 10: (3+10−9) × 6=24

3 7 7 7: 3+7+7+7=24

3 7 7 9: (9−7 ÷ 7) × 3=24

3 7 8 8: [3 × (8−7)] × 8=24

3 7 9 9: (7+9 ÷ 9) × 3=24

3 7 10 10: 7+10−3+10=24

3 8 8 9: [3 × (9−8)] × 8=24

3 8 9 9: (3 × 8 × 9) ÷ 9=24

3 8 10 10: (3 × 8 × 10) ÷ 10=24

3 9 9 10: (9+9−10) × 3=24

4 4 4 4: (4+4 × 4)+4=24

4 4 4 6: (4+4−4) × 6=24

4 4 4 8: [4 × (4+4)]−8=24

4 4 4 10: (4 × 4−10) × 4=24

4 4 5 6: [4 × (5−4)] × 6=24

4 4 5 8: (4+4−5) × 8=24

4 4 6 8: (4+8−6) × 4=24

4 4 6 10: 4+4+6+10=24

4 4 7 8: (4+4 × 7)−8=24

4 4 7 10: (4+4) × (10−7)=24

4 4 8 9: 4 × 9−4−8=24

4 4 10 10: (10 × 10−4) ÷ 4=24

4 5 5 6: (4+5−5) × 6=24

4 5 5 8: (4−5 ÷ 5) × 8=24

4 5 5 10: 4+5+5+10=24

4 5 6 7: (5+7−6) × 4=24

4 5 6 9: 4+5+6+9=24

4 5 7 7: (5+7 ÷ 7) × 4=24

4 5 7 9: (5+4 × 7)−9=24

4 5 7 10: [10 × (7−5)]+4=24
4 5 8 9: [4 × (9−5)]+8=24
4 5 9 9: (5+9 ÷ 9) × 4=24
4 5 10 10: (5+10 ÷ 10) × 4=24
4 6 6 7: [4 × (7−6)] × 6=24
4 6 6 9: [6 × (9−4)]−6=24
4 6 7 7: 4+6+7+7=24
4 6 7 9: [6 × (7+9)] ÷ 4=24
4 6 8 8: (4 × 6 × 8) ÷ 8=24
4 6 8 10: [4 × (10−6)]+8=24
4 6 9 10: [4 × (10−9)] × 6=24
4 7 7 7: [7−(7 ÷ 7)] × 4=24
4 7 8 8: (4+7−8) × 8=24
4 7 8 10: [7 ÷ (4 ÷ 8)]+10=24
4 7 9 10: (7+9−10) × 4=24
4 8 8 8: [4−(8 ÷ 8)[× 8=24
4 8 8 10: (8+8−10) × 4=24
4 8 9 10: (4+9−10) × 8=24
4 9 9 10: (9+9−4+10=24
5 5 5 6: [5+(5 × 5)]−6=24
5 5 6 6: (5+5−6) × 6=24
5 5 6 8: (5+5+6+8=24
5 5 7 8: (5+5−7) × 8=24
5 5 8 8: (5 × 5)−(8 ÷ 8)=24
5 5 8 10: [5−(10 ÷ 5)] × 8=24
5 5 9 10: (9+5 × 5)−10=24
5 6 6 6: (5−6 ÷ 6) × 6=24
5 6 6 8: [6 × (8−5)]+6=24
5 6 6 10: [6 × (10−5)]−6=24

4 5 8 8: (5−8 ÷ 4) × 8=24
4 5 8 10: (4−8 ÷ 5) × 10=24
4 5 9 10: (5+10−9) × 4=24
4 6 6 6: (4+6−6) × 6=24
4 6 6 8: 4+6+6+8=24
4 6 6 10: [6 × (6+10)] ÷ 4=24
4 6 7 8: (4+6−7) × 8=24
4 6 7 10: (6+4 × 7)−10)24
4 6 8 9: (4−8 ÷ 6) × 9=24
4 6 9 9: [4 × (6 × 9)] ÷ 9=24
4 6 10 10: [4 × (6 × 10)] ÷ 10=24
4 7 7 8: [4−(7 ÷ 7)] × 8=24
4 7 8 9: (7+8−9) × 4=24
4 7 9 9: [7−(9 ÷ 9)] × 4=24
4 7 10 10: [7−(10 ÷ 10)] × 4=24
4 8 8 9: [4+(8−9)] × 8=24
4 8 9 9: [4−(9 ÷ 9)] × 8=24
4 8 10 10: [4−(10 ÷ 10)] × 8=24
5 5 5 5: (5 × 5)−(5 ÷ 5)=24
5 5 5 9: 5+5+5+9=24
5 5 6 7: [6+(5 × 5)]−7=24
5 5 7 7: 5+5+7+7=24
5 5 7 10: [10 × (5+7)] ÷ 5=24
5 5 8 9: [5 × (8−5)]+9=24
5 5 9 9: (5 × 5)−(9 ÷ 9)=24
5 5 10 10: (5 × 5)−(10 ÷ 10)=24
5 6 6 7: 5+6+6+7=24
5 6 6 9: (6 × 9)−(5 × 6)=24
5 6 7 7: [5−(7 ÷ 7)] × 6)=24

5 6 7 8: (5+7−8) × 6=24

5 6 8 8: (5+6−8) × 8=24

5 6 8 10: 5 × 6 × 8 ÷ 10=24

5 6 9 10: (5+9−10) × 6=24

5 7 7 9: (5+7) × (9−7)=24

5 7 8 8: [8 × (7−5)]+8=24

5 7 8 10: (5+7) × (10−8)=24

5 7 10 10: [7 ÷ (5 ÷ 10)]+10=24

5 8 8 9: [8 ÷ (8−5)] × 9=24

5 9 10 10: 9+10−5+10=24

6 6 6 8: (6+6−8) × 6=24

6 6 6 10: (6 × 10)−(6 × 6)=24

6 6 7 10: [6 × (10−7)]+6=24

6 6 8 9: (6+6−9) × 8=24

6 6 9 10: [9 × (6+10)] ÷ 6=24

6 7 8 9: [6 ÷ (9−7)] × 8=24

6 7 9 9: [9 × (7+9)] ÷ 6=24

6 8 8 8: [8 × (8−6)]+8=24

6 8 8 10: [6 ÷ (10−8)] × 8=24

6 8 9 10: [9 × (10−8)]+6=24

6 10 10 10: 10+10+10−6=24

7 8 8 9: [8 × (9−7)]+8=24

7 8 9 10: [8 ÷ (10−7)] × 9=24

8 8 8 10: [8 × (10−8)]+8=24

5 6 7 9: [9 × (7−5)]+6=24

5 6 8 9: (5+8−9) × 6=24

5 6 9 9: [5 × (9−6)]+9=24

5 6 10 10: [5−(10 ÷ 10)] × 6=24

5 7 7 10: [7 × (7−5)]+10=24

5 7 8 9: (5+7−9) × 8=24

5 7 9 10: [5 × (10−7)]+9=24

5 8 8 8: 5 × 8−8−8=24

5 8 8 10: (5+8−10) × 8=24

6 6 6 6: 6+6+6+6=24

6 6 6 9: (6 × 6 × 6) ÷ 9=24

6 6 7 9: (6+7−9) × 6=24

6 6 8 8: [6 ÷ (8−6)] × 8=24

6 6 8 10: [6+(8−10)] × 6=24

6 7 7 10: (7+7−10) × 6=24

6 7 8 10: (6+7−10) × 8=24

6 7 10 10: [10 × (10−7)]−6=24

6 8 8 9: [9 × (8+8)] ÷ 6=24

6 8 9 9: [8 ÷ (9−6)] × 9=24

6 9 9 10: [9 ÷ (6 ÷ 10)]+9=24

7 7 9 10: [7 × (9−7)]+10=24

7 8 8 10: (8 × 10)−(7 × 8)=24

7 8 10 10: [7 × (10−8)]+10=24

执笔人：王辉

猜年龄

很多人都说数学既枯燥又乏味，然而我要说数学既神奇又魔幻，不信请你挑战一下下面的游戏，你知道其中的奥秘吗？

【游戏说明】

这是利用二进制的知识设计的一个游戏，知道二进制吗？普及一下，二进制是计算技术中广泛采用的一种数制。二进制数据是用 0 和 1 两个数码来表示的数。它的基数为 2，进位规则是“逢二进一”，借位规则是“借一当二”，由 18 世纪德国数理哲学大师莱布尼兹发现。当前的计算机系统使用的基本上是二进制系统，数据在计算机中主要是以补码的形式存储的。计算机中的二进制则是一个非常微小的开关，用 1 来表示“开”，0 来表示“关”。

【游戏内容】

这里有 6 张卡片，你只要说出你的年龄都在哪张卡片上写着，我就能说出你的年龄是多少。比如说一个人说：“我的年龄在Ⅰ、Ⅱ、Ⅳ、Ⅴ中有。”那他一定是 27。

请问你的年龄在哪张卡片中有？假如在卡片Ⅰ、Ⅱ、Ⅲ、Ⅳ、Ⅴ、Ⅵ中都有，年龄该多大？

1	9	17	25	33	41	49	57
3	11	19	27	35	43	51	59
5	13	21	29	37	45	53	61
7	15	23	31	39	47	55	63

Ⅰ

2	10	18	26	34	42	50	58
3	11	19	27	35	43	51	59
6	14	22	30	38	46	54	62
7	15	23	31	39	47	55	63

Ⅱ

4	12	20	28	36	44	52	60
5	13	21	29	37	45	53	61
6	14	22	30	38	46	54	62
7	15	23	31	39	47	55	63

Ⅲ

8	12	24	28	40	44	56	60
9	13	25	29	41	45	57	61
10	14	26	30	42	46	58	62
11	15	27	31	43	47	59	63

Ⅳ

4	12	20	28	36	44	52	60
5	13	21	29	37	45	53	61
6	14	22	30	38	46	54	62
7	15	23	31	39	47	55	63

Ⅴ

8	12	24	28	40	44	56	60
9	13	25	29	41	45	57	61
10	14	26	30	42	46	58	62
11	15	27	31	43	47	59	63

Ⅵ

【知识链接】

六张卡片中都有的年龄一定是63。

这六张卡片是按二进制编制的。二进制只用0和1来表示数字，例如十进制数的1到63用二进制数表示如下：

2^0=1=1,

2^1=2=10,3=11,

2^2=4=100,5=101,6=110,7=111,

2^3=8=1000,9=1001, 10=1010, 11=1011, 12=1100, 13=1101, 14=1110, 15=1111, 24=16=10000,17=10001,18=10010,19=10011,20=10100,21=10101,22=10110,23=10111, 24=11000, 25=11001, 26=11010, 27=11011, 28=11100, 29=11101, 30=11110,31=11111,

2^5=32=100000, 33=100001, 34=100010, 35=100011, 36=100100, 37=100101, 38=100110,39=100111,40=101000,41=101001,42=101010,43=101011,44=101100,45=101101,46=101110,47=101111,48=110000,49=110001,50=110010,51=110011,52=110100,53=110101,54=110110,55=110111,56=111000,57=111001,58=111010,59=111011,60=111100,61=111010,62=111111,63=111010。

我们把二进制第一位是 1 的都编入表Ⅰ，如十进制的 1、3、5、7…二进制第一位都是 1，所以都编入表Ⅰ；把二进制第二位是 1 的都编入表Ⅱ；第三位、第四位、第五位、第六位是 1 的都编入表Ⅲ、表Ⅳ、表Ⅴ、表Ⅵ。

因为 27=11011，第一位、二位、四位、五位都是 1 所以在表Ⅰ、Ⅱ、Ⅳ、Ⅴ中都有 27。

27=11011=10000+1000+10+1=24+23+21+20=16+8+2+1,16、8、2、1 是Ⅴ、Ⅳ、Ⅱ、Ⅰ卡片的第一个数。而在六张卡片都有的则是 1+2+4+8+16+32=63。

【趣味拓展】

十进制数与二进制数之间的互化

1. 把二进制数 $(110)_2$ 和 $(110100111)_2$ 改写成十进制数。

【解析】十进制有三个特点：（1）它有十个不同的数字符号；（2）满十进 1。（3）计数单位由低到高依次是：10^0，10^1，10^2，10^3，……

二进制也有三个特点：（1）它的数值部分，只需用两个数码 0 和 1 来表示；（2）它是“满二进一”。（3）它的计数单位由低到高依次是：2^0，2^1，2^2，2^3，……

把二进制数改写成十进制数，只要把它写成 2 的幂之和的形式，然后按通常的方法进行计算即可。如：

$(110)_2=1\times2^2+1\times2^1+0\times2^0$

$=1\times4+1\times2+0\times1$

$=4+2+0$

$=6$

$(110100111)_2=$

$=$

$=$

$=$

2. 把十进制数 38 改写成二进制数。

【解析】把十进制数改写成二进制数，可以根据二进制数“满二进一”的原则，用 2 连续去除这个十进制数，直到商是零为止，把每次所得的余数按相反的顺序写出来，就是所化成的二进制数，这种方法叫做“除以二倒取余数法”。

```
2 | 38  ………………0
  2 | 19  ……………1  ↑
    2 | 9  …………1
      2 | 4  ………0
        2 | 2  ……0
          2 | 1  …1
              0
```

所以，（38）$_{10}$=（100110）$_{2}$

再次挑战：

1. 把二进制数（110111）$_{2}$ 改写成十进制数。

模仿例 1 得：

（110111）$_{2}$=

=

=

=

2. 把十进制数 60 改写成二进制数。

把十进制数改写成二进制数，利用“除以二倒取余数法”。式子如下：

```
2 | 60  ………………0
  2 | 30  ……………  ↑
    2 |     …………
      2 |     ………
        2 |     ……
          2 |     …
              0
```

所以，（60）$_{10}$=（　　）$_2$

答案：

1. $1\times2^5+1\times2^4+0\times2^3+1\times2^2+1\times2^1+1\times2^0$；

$1\times32+1\times16+0\times8+1\times4+1\times2+1\times1$；

$32+16+0+4+2+1$；

55；

2.

$$\begin{array}{r|l l}
2 & 60 & \cdots\cdots 0 \\
2 & 30 & \cdots\cdots 0 \\
2 & 15 & \cdots\cdots 1 \\
2 & 7 & \cdots\cdots 1 \\
2 & 3 & \cdots\cdots 1 \\
2 & 1 & \cdots\cdots 1 \\
 & 0 &
\end{array}$$

（60）$_{10}$=（111100）$_2$

执笔人：王辉

汉诺塔

汉诺塔是根据一个传说形成的一个问题。汉诺塔（又称河内塔）问题是源于印度一个古老传说的益智玩具。汉诺塔问题在数学界有很高的研究价值，而且至今还在被一些数学家们所研究。也是我们所喜欢玩的一种益智游戏，它可以帮助开发智力，激发我们的思维。

【游戏说明】

法国数学家爱德华·卢卡斯曾编写过一个印度的古老传说：在世界中心贝拿勒斯（在印度北部）的神庙里，一块黄铜板上插着三根宝石针。印度教的主神梵天在创造世界的时候，在其中一根针上从下到上地穿好了由大到小的 64 片金片，这就是所谓的汉诺塔。不论白天黑

夜，总有一个僧侣在按照下面的法则移动这些金片：一次只移动一片，不管在哪根针上，小片必须在大片上面。僧侣们预言，当所有的金片都从梵天穿好的那根针上移到另外一根针上时，世界就将在一声霹雳中消灭，而梵塔、庙宇和众生也都将同归于尽。

不管这个传说的可信度有多大，如果考虑一下把 64 片金片，由一根针上移到另一根针上，并且始终保持上小下大的顺序。这需要多少次移动呢？

【游戏内容】

聪明的小朋友们，如果是 4 个圆盘需要移动多少次呢？5 个圆盘、8 个圆盘、10 个圆盘呢？请你动手试一试吧！

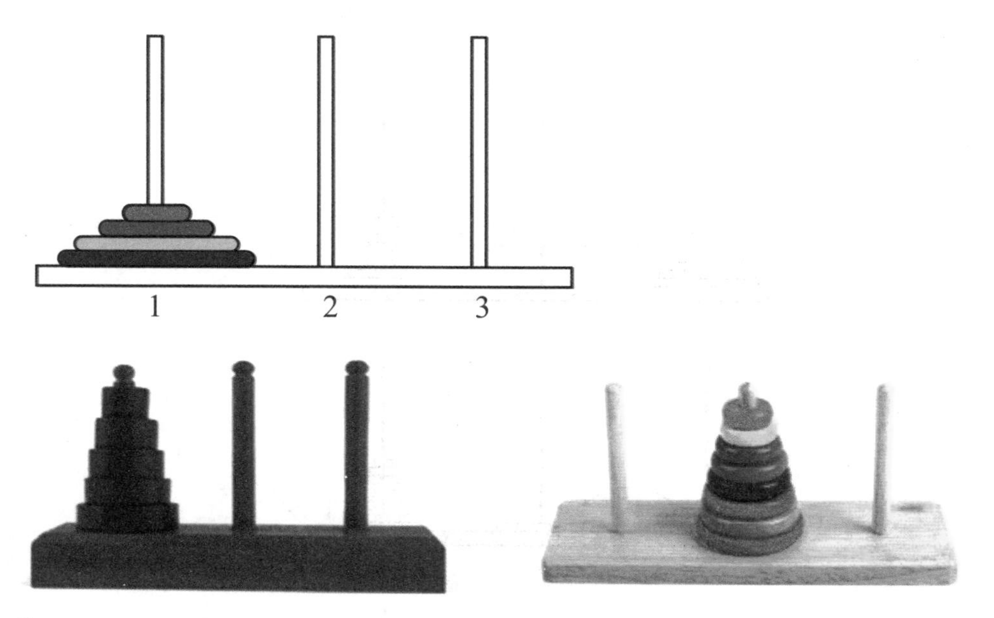

【知识链接】

要求答案，需要用到递推与归纳．我们先分析比较简单的情况：将 1 个金片移动到另一根宝石针上，显而易见共需要移动 1 次；将 2 个金片移动到另一根宝石针上，共需要移动 3 次；将 3 个金片移动到另一根宝石针上，共需要移动 7 次。

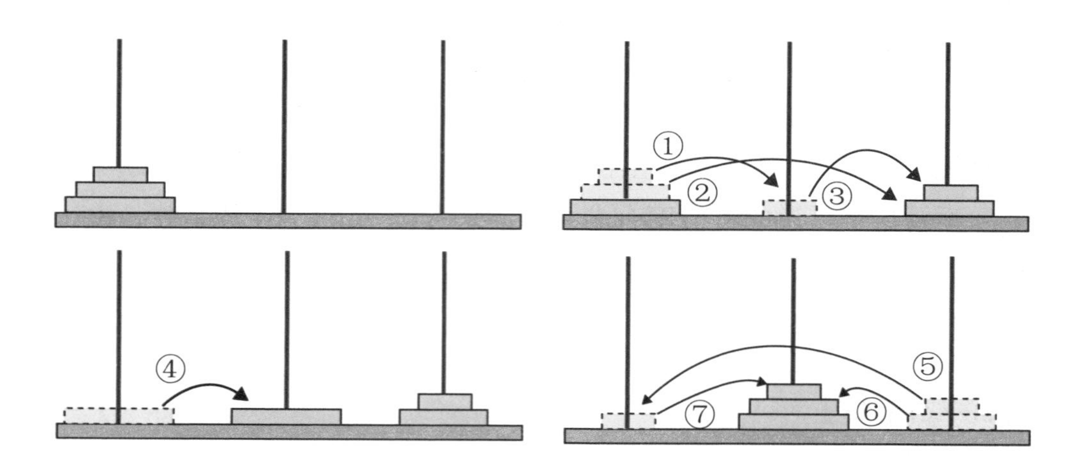

假设将 n 个金片移动到另一根宝石针上所需的次数为 x 次:

则将 n+1 个金片移动到另一根宝石针上所需的次数为 2x+1 次(如下图)

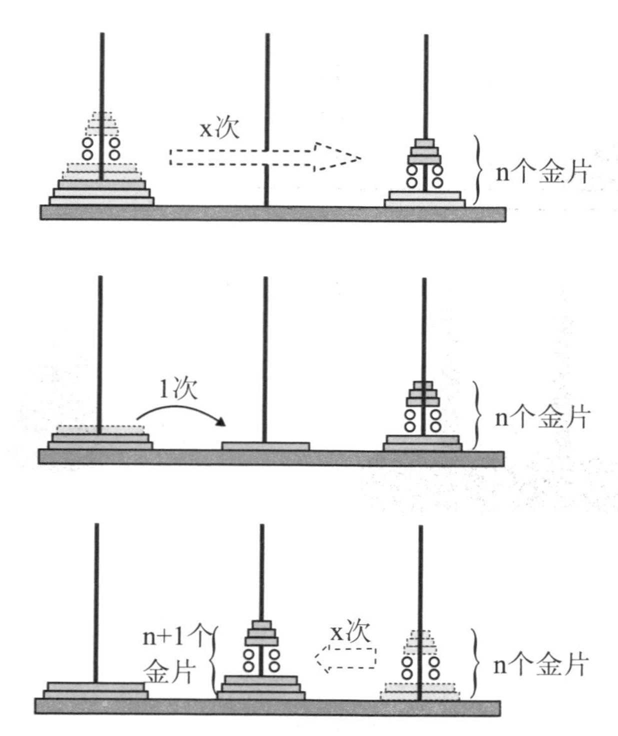

根据上面的规律，1 ~ 64 个金片移动到另一根宝石针上所需的次数列表如下：

金片数量	移动次数	规律
1	1	1
2	2×1+1=3	2×2−1=3（2 个 2 相乘减 1）
3	2×3+1=7	2×2×2−1=7（3 个 2 相乘减 1）
4	2×7+1=15	2×2×2×2−1=15（4 个 2 相乘减 1）
…	…	…
64		2×2×……×2×2−1=18446744073709551615（64 个 2 相乘减 1）

假如每秒钟移动一次，共需多长时间呢？一个平年 365 天有 31536000 秒，闰年 366 天有 31622400 秒，平均每年 31556952 秒，计算一下：

18446744073709551615÷31556952 ≈ 584554049253.855 年，这表明移完这些金片需要 5845 亿年以上，而地球存在至今不过 45 亿年，太阳系的预期寿命据说也就是数百亿年。真的过了 5845 亿年，不说太阳系和银河系，至少地球上的一切生命，连同梵塔、庙宇等，都早已经灰飞烟灭。

【趣味拓展】

和汉诺塔故事相似的，还有另外一个印度传说：舍罕王打算奖赏国际象棋的发明人——宰相西萨·班·达依尔。国王问他想要什么，他对国王说："陛下，请您在这张棋盘的第 1 个小格里赏给我一粒麦子，在第 2 个小格里给 2 粒，第 3 个小格给 4 粒，以后每一小格都比前一小格加一倍。请您把这样摆满棋盘上所有 64 格的麦粒，都赏给您的仆人吧！"国王觉得这个要求太容易满足了，就命令给他这些麦粒。当人们把一袋一袋的麦子搬来开始计数时，国王才发现：就是把全印度

甚至全世界的麦粒全拿来，也满足不了那位宰相的要求。那么，宰相要求得到的麦粒到底有多少呢？总数为 $1+2+2^2+2^3+\cdots+2^{63}=2^{64}-1$, 等于移完汉诺塔的步骤数。我们已经知道这个数字有多么大了。人们估计，全世界两千年也难以生产这么多麦子，折合小麦的重量大约为 2587 亿吨！

执笔人：王辉

方阵问题

八戒不知从哪儿采来了一些大桃子，他对悟空说："猴哥，替我看着点，我再去采一些回来。"八戒刚要离开，心里一琢磨："不对，猴哥最爱吃桃，如果趁我不在，偷吃几个怎么办？"他灵机一动，把采来的桃子摆成了一个正方形（如图 1）

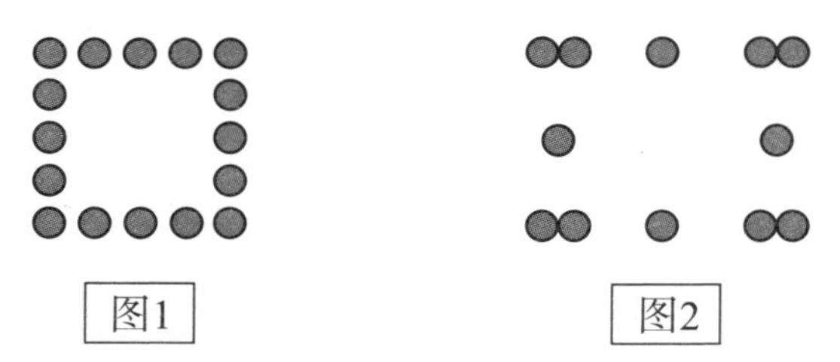

图1　　图2

八戒说："我摆的这个方阵，每边都有 5 个桃子，猴哥，你给我好好看着，少了可不成。"

悟空笑着对八戒摆了摆手："放心吧！保证每边有 5 个桃子，绝对不会少。"没过一会儿，八戒又采来了几个梨，他刚要把梨递给悟空，却瞧着蜜桃阵愣了起来。

八戒问："猴哥，这桃子好像少了许多。""没有的事！"悟空把眼睛一瞪："你数一数，每边是不是 5 个？"八戒一数，每边仍然 5 个桃子。（如图 2）

悟空一本正经地说："我闲来无事，把它们重新摆了摆，个数不少，你快去采果子吧！"说完接过八戒手里的梨。八戒半信半疑，转身走了。

八戒走远了，悟空"哧哧"暗笑："真是个呆子，原来的摆法有16个桃子，我这么一动就剩下12个桃子了。"

小朋友们，你知道悟空是怎么搞的吗？

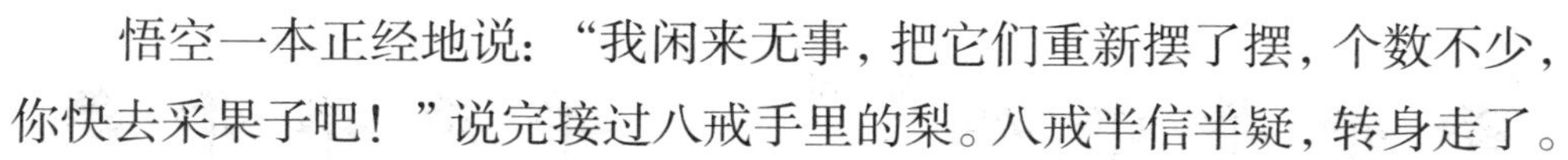

【游戏说明】

方阵游戏一定要记住下面的核心公式：

1. 方阵总人数＝最外层每边人数的平方（方阵问题的核心）
2. 方阵最外层每边人数＝（方阵最外层总人数 ÷4）＋1
3. 方阵外一层总人数比内一层总人数多8
4. 去掉一行、一列的总人数＝去掉的每边人数 ×2 － 1

【游戏内容】

小朋友在水池四周种了一些树（如图5），请你算一算，他们共种了多少棵树？

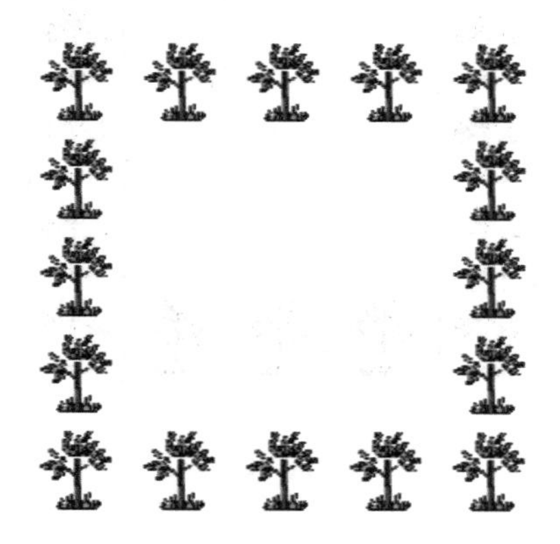

图5

游戏解答：

策略一：（如图6），由于每个顶点上各种一棵，所以四个角上的数是重叠的，那么共有：$5\times4-4=16$（棵）

图 6

图 7

策略二：（如图 7），计算每条边的棵数时，可以分别去掉一个顶点上的树，如图：

$4\times4=16$（棵）

策略三：可以先不算四个顶点上的树，如图：

$3\times4+4=16$（棵）

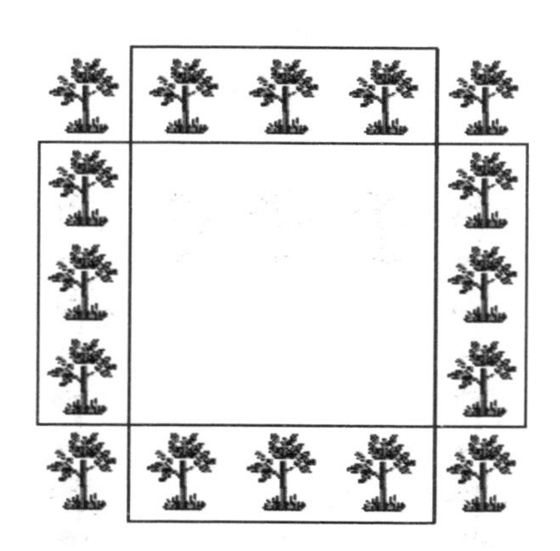

图 8

聪明的小朋友们，你们想一想，还有哪些策略方法？

游戏指导：在解答方阵问题时，一定要注意避免重复和遗漏，相邻两边上的棋子数差 2，相邻两层的棋子数差 8。

活动 2

若干名小朋友参加体操表演，他们排成了一个三层的方阵。已知最外一层（第一层）每边 16 人，求第一层，第二层，第三层分别有多少人？一共有多少人？

游戏解答：

策略一：从外往里数，第一层每边 16 人，第二层每边 14 人，第三层每边 12 人，根据这些，可以得到解答：

（16–1）×4=60（人）……第一层

（14–1）×4=52（人）……第二层

（12–1）×4=44（人）……第三层

共有 60+52+44=156（人）

策略二：由第一层每边 16 人，可以求出最外一层的人数，从而求出每一层的人数及总人数。

16×4 – 4=60（人）

60 – 8=52（人）

52 – 8=44（人）

60+52+44=156（人）

根据上面的学习，你能很快回答下面的问题吗？

用棋子摆成一个最外层每边有 11 枚的方阵，想一想，从外往里数，第四层一共有多少枚？

小明用棋子摆成了一个四层的空心方阵（如图 10），已知最外一层每边 15 个，小明摆这个方阵共用了多少棋子?

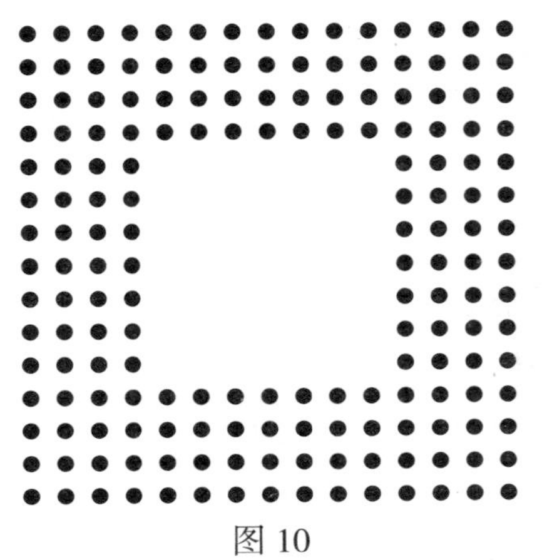

图 10

分析与解：

策略一：从图中看出，空心方阵是由实心方阵演变而来的，根据实心方阵中相邻两层每边的人数及相邻两层总人数的变化规律都可以求出棋子的总数。

15×4 － 4=56（颗）

56+48+40+32=176（颗）

或［（15 － 1）+（13 － 1）+（11 － 1）+（9 － 1）］×4

=（14+12+10+8）×4

=176（颗）

策略二：

由于方阵是正方形，那么这个大正方形就可以分成四个小长方形。其中小正方形刚好是方阵的空心部分，根据图 11 的分解还可以得到解答。

（15—4）×4×4=176（颗）

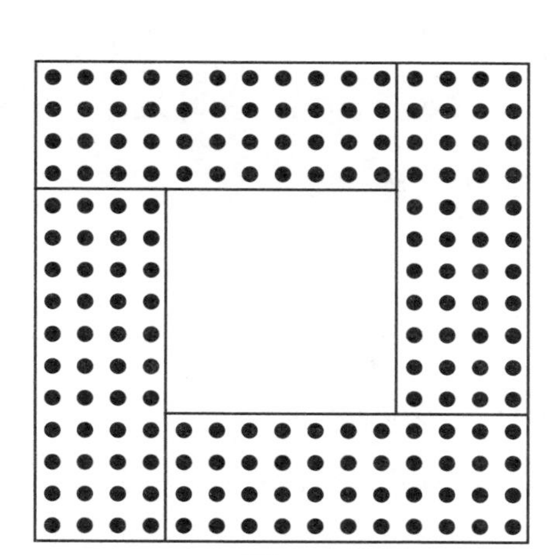
图 11

【知识链接】

动物中的数学天才

蜜蜂蜂房是严格的六角柱状体，它的一端是平整的六角形开口，另一端是封闭的六角菱锥形的底，由三个相同的菱形组成。组成底盘的菱形的钝角为 109 度 28 分，所有的锐角为 70 度 32 分，这样既坚固又省料。蜂房的巢壁厚 0.073 毫米，误差极小？

丹顶鹤总是成群结队迁飞，而且排成“人”字形。“人”字形的角度是 110 度。更精确地计算还表明“人”字形夹角的一半——即每边与鹤群前进方向的夹角为 54 度 44 分 8 秒！而金刚石结晶体的角度正好也是 54 度 44 分 8 秒！是巧合还是某种大自然的“默契”？

蜘蛛结的“八卦”形网，是既复杂又美丽的八角形几何图案，人们即使用直尺和圆规也很难画出像蜘蛛网那样匀称的图案。

冬天，猫睡觉时总是把身体抱成一个球形，这其间也有数学，因为球形使身体的表面积最小，从而散发的热量也最少。

真正的数学“天才”是珊瑚虫。珊瑚虫在自己的身上记下“日历”，它们每年在自己的体壁上“刻画”出365条斑纹，显然是一天“画”一条。奇怪的是，古生物学家发现3亿5千万年前的珊瑚虫每年“画”出400幅“水彩画”。天文学家告诉我们，当时地球一天仅21.9小时，一年不是365天，而是400天。

【趣味拓展】

学校为庆祝“十一”，用盆花摆了一个中实方阵，最外一层有36盆花。那这个方阵共有花多少盆？

2. 解放军进行排队表演，组成一个外层有48人，内层有16人的多层中空方阵，

这个方阵有几层？一共有多少人？

3. 一些同学在参加体操表演时若站成三层的空心方阵则剩18人，若在外面增加一层则少14人。那这些同学共有多少人？

执笔人：丁海龙

最佳选择

佳一是个懂事的孩子，每天早晨起来，佳一都给妈妈蒸鸡蛋糕，过程如下：

① $\xrightarrow[\text{打蛋}]{\text{1分钟}}$ ② $\xrightarrow[\text{切葱花}]{\text{2分钟}}$ ③ $\xrightarrow[\text{搅蛋}]{\text{1分钟}}$ ④ $\xrightarrow[\text{洗锅}]{\text{2分钟}}$ ⑤ $\xrightarrow[\text{烧热水}]{\text{6分钟}}$ ⑥ $\xrightarrow[\text{蒸鸡蛋}]{\text{11分钟}}$

每天完成这个过程需要用：1+2+1+2+6+11=23（分钟）

上面的六个步骤一个都不能少，通过学习了最佳选择后，佳一知道了有些步骤可以同时进行，这样就节省了时间，现在她是这样完成这件事的：

① —2分钟 洗锅→ ② —6分钟 烧热水→ ③ —11分钟 蒸鸡蛋→

（②烧热水的同时）→打蛋——→切葱花——→搅蛋

这样，只用了19分钟。这种科学的安排时间的方法，叫做最佳选择。怎样合理的安排事情最节省时间，在我们生活中经常遇到这样的问题，只要我们运用数学知识合理的安排事情，就会使我们的生活更有规律，还可以节省时间，提高办事效率。正如我国伟大的作家鲁迅先生说的那样："节约时间，也就是使一个人有限的生命更加有效，也即等于延长了人的生命"。就让我们认真对待身边的每件小事，节约宝贵的时间吧！

【游戏说明】

1. 通过游戏体会，合理安排，可以节省时间，提高效率，逐渐养成合理安排时间的良好习惯。
2. 在游戏过程中经历从解决问题的多种方案中寻找最优方案的过程，理解"优化"的思想。
3. 感受到数学在日常生活中的广泛应用，尝试用数学的方法来解决实际生活中的简单问题，初步培养学生的应用意识和解决实际问题的能力。

【探索新知】

活动 1

客人来到家中，妈妈要烧水沏茶。洗开水壶要用1分钟，烧开水要用15分钟. 洗茶壶要用1分钟，洗茶杯要用1分钟，拿茶叶要用2分钟。小明估算了一下，完成这些工作要20分钟。为了使客人早点喝上茶，你认为最合理的安排要多少分钟就能沏好茶了？

最佳游戏策略：

烧水沏茶的情况是：开水要烧，开水壶要洗，茶壶茶杯要洗，茶叶要取. 怎样安排工作程序最省时间呢？

办法 1：洗好开水壶，灌上凉水，放在火上，在等待水开的时候，洗茶杯，拿茶叶，等水开了，沏茶喝。

办法 2：先做好一切准备工作，洗开水壶，洗壶杯，拿茶叶，灌水烧水，坐等水开了沏茶喝。

办法 3：洗开水壶，灌上凉水，放在火上坐待水开，开了之后急急忙忙找茶叶，洗壶杯，沏茶喝。

这三种方法哪个更好呢，很显然第一种方法是最好的。

开水壶不洗，不能烧开水，所以洗开水壶是烧开水的先决条件，没开水、没茶叶、不洗壶杯，我们不能沏茶，因而这些又是沏茶的先决条件。它们的相互关系可以用下图的箭头图来显示。

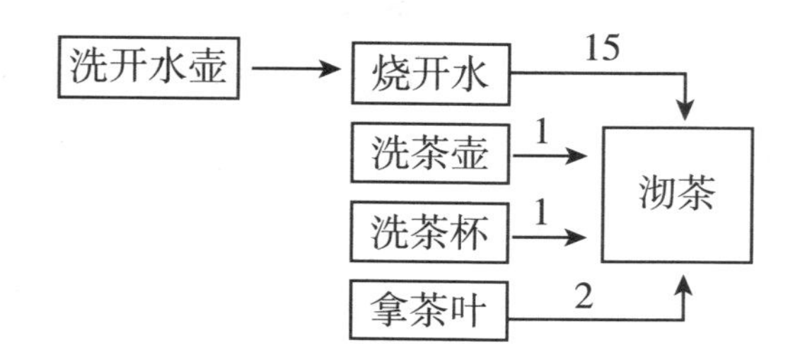

箭杆上的数字表示完成这一工作所需的时间，例如→表示从把水放在炉上到水开的时间是 15 分钟。从图上可以一眼看出，办法 1 总共要 16 分钟，而办法 2、3 需 20 分钟。

洗茶壶、茶杯、拿茶叶没有什么先后关系，而且是由同一个人来做，因此可以将上图合并成下图.

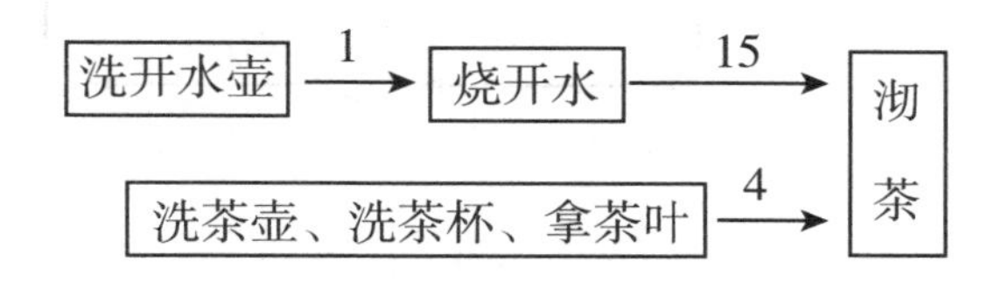

先洗开水壶用 1 分钟，接着烧开水用 15 分钟，在等待水开的过程中，同时洗壶杯、拿茶叶，水开了就沏茶，总共用了 16 分钟。又因为烧开水的 15 分钟不能减少，烧水前必须用 1 分钟洗开水壶，所以用 16 分钟是最少的。

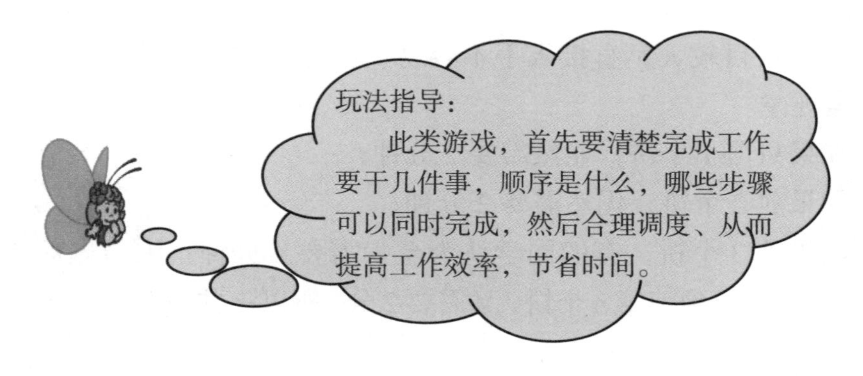

活动 2

早晨起床，小丽要完成这几件事：起床，穿衣服，5 分钟；刷牙、洗脸，6 分钟；在煤气上烧开水煮面条 17 分钟；整理房间 7 分钟。请问，按怎样的顺序做完这几件事情的时间最少？

最佳游戏策略：

小丽起床穿衣服后就开始烧开水，煮面条；在等水开及煮面条的时间里，同时刷牙、洗脸、整理房间，这样所用的时间最少。如下图：

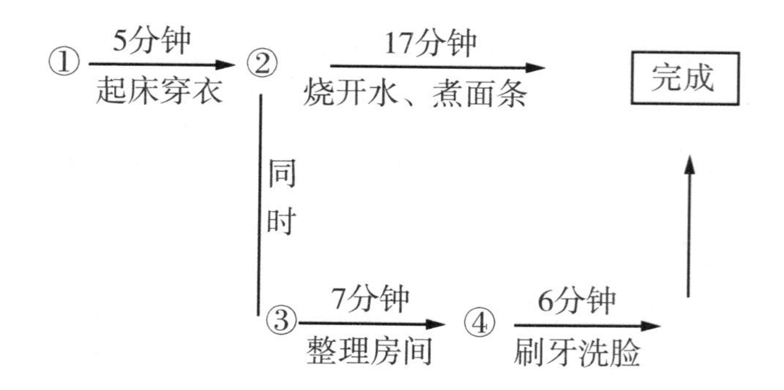

所以，所用时间最少是：5+17=22（分钟）

活动 3

用一只平底锅煎饼，每次能同时放两个饼. 如果煎 1 个饼需要 2 分钟（假定正、反面各需 1 分钟），问煎 2003 个饼至少需要几分钟?

最佳游戏策略：

由于数目较大，直接入手不容易。我们不妨先从较小的数目来进行探索规律。

如果只煎 1 个饼，显然需要 2 分钟；

如果煎 2 个饼，仍然需要 2 分钟；

如果煎 3 个饼，有的同学认为至少需要 4 分钟：因为先煎 2 个饼要 2 分钟；再单独煎第 3 个饼，又需要 2 分，所以一共需要 4 分钟。但是，这不是最佳方案. 最优方法应该是：

首先煎第 1 号、第 2 号饼的正面用 1 分钟；

其次煎第 1 号饼的反面及第 3 号饼的正面又用 1 分钟；

最后煎第 2 号、第 3 号饼的反面再用 1 分钟；这样总共只用 3 分钟就煎好了 3 个饼.

如果煎 2003 个饼，最优方案应该是：

在煎第 1、2、3 号饼时只需要 3 分钟；煎后面 2000 个饼时，每两个饼需要 2 分钟，分 2000 ÷ 2=1000（次）煎完，共需要 2 × 1000=2000（分钟）；这样总共需要 3+2000=2003（分钟）。

玩法指导：

本题的解题思路值得掌握，那就是先从简单的较少的数入手，通过逐步递推，探索一般规律，从而解决某些数字较大的问题。

【知识链接】——智力快车

均分三份

塔塔利亚的口吃常常给他带来不少麻烦。

有次他去买油，摊主桶里还有油 24 升，而他只有盛 5 升、11 升、13 升的容器各一。塔塔利亚要买 8 升油，摊主因无法盛量而拒售（摊主让他或买 5 升，或买 11 升或买 13 升或买 24 升）。塔塔利亚听了摊主的话，结结巴巴地说：他能分出 8 升油。

摊主刁难他道："你必须将 24 升分成三份，每份 8 升，否则油不卖给你。"说完又要他讲讲分油的过程（分明是再嘲笑他），塔塔利亚二话没说，拿起油桶和容器就操作起来。请问他是怎么做的呢？

最佳游戏策略：

塔塔利亚先装满 13 升的容器，从中倒满 5 升的容器后余下即为 8 升，然后将这 8 升倒入 11 升的容器，而 5 升容器中的油倒回大容器；再从大容器中取油装满 13 升的容器，从 13 升容器中倒出 5 升后剩下 8 升；5 升容器中的油倒回大容器，则大容器中的油也是 8 升。

这个游戏和"韩信立马分油"很相似。

【趣味拓展】

1. 5 个人各拿一个水桶在自来水龙头前等候打水，他们打水所需的时间分别是 1 分钟、2 分钟、3 分钟、4 分钟和 5 分钟。如果只有一个水龙头，试问怎样适当安排他们的打水顺序，才能使每个人排队和打水时间的总和最小？并求出最小值。

2. 早自习课上，班主任周老师要检查作业，每科作业检查时间如下表：

小红社会	小明语文	小静数学	小强英语	小文科学
4 分钟	10 分钟	9 分钟	6 分钟	2 分钟

要使四个人的等候时间总和最少，正确的安排是（　　）

A. 小明→小静→小强→小文→小红

B. 小红→小明→小静→小强→小文

C. 小静→小强→小文→小红→小明

D. 小强→小文→小红→小明→小静

E. 小文→小红→小强→小静→小明

3. 在一条公路上，每隔 100 千米有一座仓库，共有 5 座，图中数字表示各仓库存货物的数量，要把所有货物集中到一个仓库中，如果一吨货物每 100 米的运费为 50 元，那么集中到哪个仓库运费最少？

A	B	C	D	E
10吨	30吨	20吨	10吨	60吨

参考答案：

1. $1\times5+2\times4+3\times3+4\times2+5\times1=35$（分钟）。

2. E

3. 集中到 D 仓库。

执笔人：丁海龙

拼出我的范儿

小朋友们，今天我们来玩儿一个拼图游戏，请你们拿出事先让大家准备的圆形纸板，就让我们开动脑筋干起来吧。

【游戏说明】

“拼出我的范儿”游戏是通过拼图的过程让小朋友利用转化的思想将未学习的知识转化成已学习知识，通过分析、总结得出圆面积公式，让小朋友在玩中学习。

【游戏内容】

在自己的记忆库里检索已学过的图形，然后进行拼图。

游戏规则：

1. 将准备好的圆形纸板平均分成 N 份（分的份数越多所图形越接近规范图形）；2. 以小组为单位，进行拼图接龙，要求组员所拼图形不能重复。

获胜规则：用时最短且拼出图形最多的小组获胜。

举例：拼成平行四边形。

情况 1：平均分成 8 份 。

情况 2：平均分成 16 份。

分成的分数越多，拼出来的图形越接近平行四边形。

拼成等腰梯形（平均分成 16 份）。

拼成三角形（平均分成 16 份）。

根据所拼图形找出圆与其他图形各部分之间的相对关系，根据已知公式进行指导。通过拼图及推导，总结相同及不同之处。通过这个游戏可以使小朋友进行发散性思维，也对其进行的了归纳、推导、总结的练习。

【知识链接】

这个游戏，可以在学习完圆周长知识之后进行，在玩的过程中不仅可以巩固对圆周长的理解，还可以在游戏的过程中，通过自己的努力，探究圆面积的相关新知识，感受数学的乐趣。

【趣味拓展】

西辛小学进行绿地浇水用的喷头，最远能喷水5米，喷头旋转一周，最大的喷水面积有多少平方米？

执笔人：杨 颖

我是理财小能手

小朋友们，我们的家长都有理财的习惯，想必你们也耳濡目染一些，今天你们帮老师分析一下，应该如何理财相对合理。

【游戏说明】

通过这个游戏，让小朋友了解生活中的一些生活常识，提高小朋友分析能力及计算能力。游戏之前小朋友要学会如何计算利息。

【游戏内容】

现在老师有2万元人民币，要按定期存入银行，想存3年，看你能设计出几种方案，哪种方案利息高。

中国银行存款利率表（2016 年 7 月）

存款期限（整存整取）	年利率
一年定期	1.750%
二年定期	2.250%
三年定期	2.750%

获胜规则：谁的方案利息高谁将获得理财小能手的称号。

【知识链接】

中国古代存钱的地方叫钱庄。它是由票号过度为钱庄的，钱庄是古代社会的一种金融机构，现在的银行就是由它衍变而来的。

古代钱庄存钱和现在的银行正好相反，储户在钱庄存钱时，钱庄会按储户储蓄的时间长短收取储户的利息，而现在的银行会按储户储蓄的时间长短付给储户利息。

票号又称票庄，是主营汇兑业务的金融机构。中国很早就有汇兑业务，唐代的“飞钱”，宋代的“便换”、明朝时期的“会票”，都具有汇兑的性质。但专营汇兑的票号到清中叶后期才出现。中国第一家票号是清嘉庆（1790 － 1820）年间，山西平遥富商雷履宽开设的“日升昌”票号。票号开设不久即在长沙设有分号，主营汇兑，兼营存款、放款，营业对象多为封建官僚、地主和一般商人。继山西票号之后，上海、云南、安徽票号也在长设有分号。

掌握利息的计算公式，利息 = 本金 × 存期 × 年利率，根据存款方案进行计算，在计算的过程中还有百分数如何进行计算的相关知识。

【趣味拓展】

小明家有五万元人民币的存款，每年从这笔钱中支取一万元作为游泳经费，请你为小明家设计一下存款方案吧。

执笔人：杨 颖

幸运大转盘

西辛小学元旦联欢会上，要进行一个幸运大转盘的环节，现在学校让我们进行转盘的设计工作，小朋友们现在要看你们的了。

【游戏说明】

通过获奖名次分配的数量不一样，在进行圆面积分配时面积的大小也是不一样的，让小朋友体会随机现象的可能性是可以通过计算进行控制的，让小朋友充分感受随机性与数据之间的关系。

【游戏内容】

1. 一等奖的获奖概率占总获奖数的10%，二等奖的概率占20%，三等奖的概率占30%，参与奖的概率占50%。

2. 根据要求进行转盘的绘制。

获胜规则：按要求用时最短的小组获胜。

【知识链接】

这个小游戏是在学习完“可能性”及圆的相关知识后进行的，通过思考每个奖次发生的可能性，以及如何进行圆面积的分配，再通过实际操作制作转盘的活动，体会随机现象发生的可能性是有大有小的，感受随机现象的特点和数据的可能性，让小朋友对学习数学产生浓厚的兴趣。

【趣味拓展】

20 个饮料瓶盖中，4 个红色的，5 个黄色的，其余为白色的 ，现知其中只有一个中奖号码，从中随意取一个：

（1）中奖号码是红色发生的概率是多少？

（2）中奖号码是黄色生的概率是多少？

执笔人：杨颖

我有一双巧巧手

小朋友们相信大家都有一双灵巧的手，今天请大家帮个忙。请大家帮助老师用彩纸将废旧纸箱装饰成收纳箱。

【游戏说明】

通过对废旧纸箱表面的装饰，让小朋友对物体表面积的计算有进一步了解，能够根据具体情况进行判断，如何进行选择计算方法。在装饰的过程中让体会变废为宝的环保意识。此游戏要在学习完长正方体表面积以后进行。

【游戏内容】

（参考成品）

1. 每组制定一个设计方案，收纳盒外形为长方形，选择适当的包装纸；

2. 计算使用包装纸的数量（思考：接口处要如何处理）；

3. 作品展示。

获胜规则：在相同的时间内成品新颖，做工精细的小组获得巧手勋章。

【知识链接】

为了培养小朋友解决问题的灵活性，应该设计多个与生活息息相关的素材，如要制作一个电视机罩需要多少布、制作一个金鱼缸需要多少玻璃、一个牛奶盒要包装四周需要多大的包装纸等等，让小朋友根据实际情况思考到底要求哪几个面的面积总和，然后选择有关数据进行计算，灵活解决实际问题，而不是死板的运用知识。

【趣味拓展】

现在有 24 个边长为 10 厘米的正方形，现要进行打包，请你帮助设计一下，如何用最少的包装纸进行包装。

执笔人：杨 颖

影子会说话

西辛小学要为学校的树木建立档案，档案的内容包括树的名称，产地，树高，习性，制作时间的信息，请各小组到校园里认领自己小组要建立档案的树木吧。

【游戏说明】

树的名称、产地、习性相关信息可以通过网络搜索，树高这一项要通过小朋友学习过的比例相关知识进行计算。

【游戏内容】

1. 小组人员任务分工，制定游戏方案；
2. 每小组制作档案卡；
3. 小组自己准备测量工具；
4. 每个小组的树挂上档案卡。

获胜规则：档案卡制作用时短、信息准确的小组获得胜利。

【知识链接】

黄金比例是由古希腊数学家发现的。这个比例是指，两条线段，当短的一条的长度除以长的一条的长度，得到的商为0.618，称这个比例为黄金比例。黄金比例在生活中有许多用途，合理的利用黄金比例能够使事物更加自然更加美。

1. 自然界的事物大多符合黄金比例。例如，普通树叶的宽与长之比，蝴蝶身长与展开双翅长度之比，人体的头身比例等等都是符合黄金比例的。可以说，黄金比例总是广泛地存在于大自然当中。

2. 黄金比例可以用作绘画和摄影的技巧。运用黄金比例绘制的图画或者拍摄的摄影作品更符合人眼的生理结构，让人更容易发现它的美，更容易与人产生共鸣。

3. 在舞台上，黄金比例分割点上更有利于声音的传递。因此，歌手或是表演者，想要自己的声音更动听更富有感染力，应该站在舞台的黄金比例分割点上，即约舞台的三分之一处。

4. 时间，季节，温度的黄金比例。每年的秋季 7,8 月份正好位于一年的黄金分割点上，此时是人体免疫力最佳的时节。人的一天中，约三分之二的时间用于工作和学习，三分之一的时间用于睡觉和休息最适宜。还有通常人在 22 摄氏度到 24 摄氏度的温度区间中感觉最适宜，这是因为这个温度区间与人体的体温 37 摄氏度成黄金比例。

5. 黄金比例的书，报刊，杂志让人阅读起来更舒服。现在越来越流行 16 ：9 的显示器，这也是与阅读的黄金比例有关。人们印刷的名片也是成黄金比例的。

【趣味拓展】

大家看看自己的身体是否符合黄金比例。

执笔人：杨颖

我是小小售货员

相信大家在日常生活中会经常逛商场，商家会有一些优惠活动，如果你是售货员，你要如何为顾客推荐产品，下面就让我们也来玩一玩吧！

【游戏说明】

这个游戏是学习完百分数的相关知识后进行的一个小游戏，在游戏的过程不但可以掌握相关的理论知识，还充分的训练了小朋友的判断能力，在以后的购物中让我们养成节约的好习惯。

【游戏内容】

小朋友分组模拟不同的商场，每个商场制定一个优惠活动方案，三个小朋友充当顾客，到不同的商场询问价格，售货员要进行推销，看顾客是否买走物品。

游戏开始给出商品的具体的价格，每个小组可以自行制定优惠活动，进行商品推销。

要买同一款价格为 699 的运动鞋，一套价格为 619 的运动衣。（最终售价不得低于原价 40%）

优惠活动举例：

鑫海运通：打五折，并 5 倍积分。

国　泰：打 4.6 折。

新 世 界：买一送一。

华　联：满一百减 60。

获胜规则：盈利高者获得“销售标兵”的称号。

【知识链接】

百分数的由来

200 多年前，瑞士数学家欧拉，在《通用算术》一书中说，要想把 7 米长的一根绳子分成三等份是不可能的，因为找不到一个合适的数来表示它. 如果我们把它分成三等份，每份是 $\frac{7}{3}$ 米. 这就是一种新的数，我们把它叫做分数。而后，人们在分数的基础上又以 100 做基数，发明了百分数。百分数是用一百做分母的分数，在数学中用“%”来表示，在文章中一般都写作“百分之多少”。百分数与倍数不同，它既可以表示数量的增加，也可以表示数量的减少。

【趣味拓展】

1. 某商店同时卖出两件商品，每件各得60元，但其中一件赚20%，另一件亏本20%，问这个商店卖出这两件商品是赚钱还是亏本？赚多少，亏多少？

2. 甲、乙两只装有糖水的桶，甲桶有糖水60千克，含糖率4%，乙桶有糖水40千克，含糖率为20%，两桶互相交换多少千克才能使两桶糖水的含糖率相等？

执笔人：杨颖

2、3、5的好朋友

小朋友们，今天我们来玩一个有意思的美术活动，相信你们会喜欢的。

【游戏说明】

此游戏是学习完因数和倍数的相关知识后进行的，在游戏的过程中可以列举不同的数值供孩子们进行练习，在参与过程中小朋友对所学知识进行巩固外，还可以通过观察和分析，总结出特殊数字倍数之间的联系。培养了小朋友的观察力及归纳的能力。

【游戏内容】

游戏要求：给2的倍数涂上粉色，给3的倍数涂上黄色，给5的倍数涂上紫色。

获胜规则：用时短且正确者获胜，将为同学颁发团结友爱奖。

游戏结束后，小朋友对自己的图画作品进行分析，从中你能看出有什么奇妙的地方，跟大家分享一下你的感想。

【知识链接】

一个数被整除的判断方法：

1. 被 2 整除：个位是 0、2、4、6、8 的，则这个数能被 2 整除。

2. 被 3（或 9）整除：数字之和能被 3 或 9 整除，则这个数能被 3 或 9 整除。

3. 被 4（或 25）整除：末两位能被 4 或 25 整除，则这个数能被 4 或 25 整除。

4. 被 5 整除：若一个整数的末位是 0 或 5，则这个数能被 5 整除。

5. 被 6 整除：若一个整数能被 2 和 3 整除，则这个数能被 6 整除。

6. 被 7、11、1313 整除：后 3 位数减去前面的数，得的数被 7 整除，则这个数能被　7.11、113 整除。例如：6139 是否能被 7 整除的过程如下：后三位减去前一位 139- 6=133 ，133÷7=69 能除尽，所以 6139 能被 7 整除。

8. 能被 11 整除的特征：适用于□奇数位的数字之和与偶数位的数字之和的差（大减小），能被 11 整除，这个数就能被 11 整除。

9. 被 8（或 125）整除：未三位数能被 8 或 125 整除，则这个数能被 8 或 125 整除。

10. 被 10 整除：若一个整数的末位是 0，则这个数能被 10 整除。

判断互质数的技巧

11. 和其他的自然数。例：1 和 99、1 和 46

两个连续的或相邻的自然数一定是互质数。例：3 和 4、9 和 10

两个连续的奇数或相邻的奇数是互质数。例：7 和 9、13 和 15 。

两个质数是互质数。例：5 和 7、11 和 17。

判断最大公因数的技巧：

1. 如果两个数是互质数关系，那么最大公因数是 1。例：7 和 11。

2. 如果两个数是倍数关系，那么最大公因数是较小数。例：7 和 21 。

判断最小公倍数的技巧：

1. 如果两个数是互质数关系，那么最小公倍数是它们的乘积。例：5 和 7 2、如果两个数是倍数关系，那么最小公倍数是较大数。例：7 和 14 。

【趣味拓展】

100 以内同时能被 3 和 7 整除的最大奇数是（　　），最大偶数是（　　）。

执笔人：杨颖

它们的最爱

生活中我们都有自己最喜爱的食物，开动你的脑筋，你能帮助下面的小动物找到它们喜欢的食物吗？

【游戏说明】

本游戏是在学习完正方体的相关知识后进行的一个游戏，将正方体进行展开，在不同位置贴上小动物及它们喜爱的食物，经过小朋友判断哪个动物能吃到它们喜爱的食物。通过该游戏让小朋友建立长正方体的空间概念，加深小朋友对长正立体的理解。

【游戏内容】

游戏规则：

1. 只有当动物和它喜欢的食物在正方体的相对面上时，它才能吃到食物；

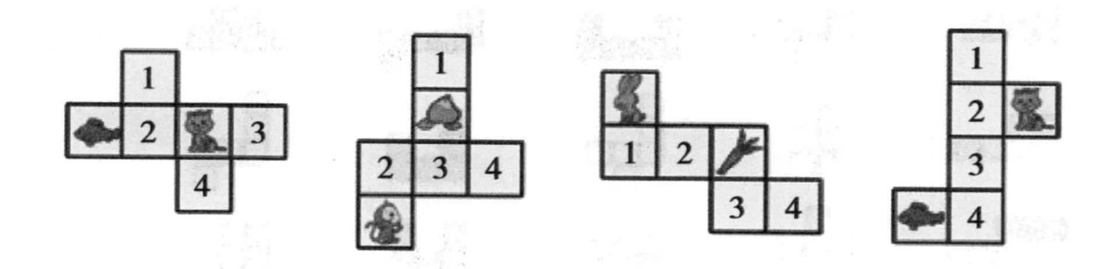

【知识链接】

正方体表面展开图分析		
中间四个一连串 两边各一随便放	二三紧连挪一个 三一相连一随便	两两相连各挪一 三个两排一对齐

【趣味拓展】

你来判断一下，下面哪些图形能组成正方体。

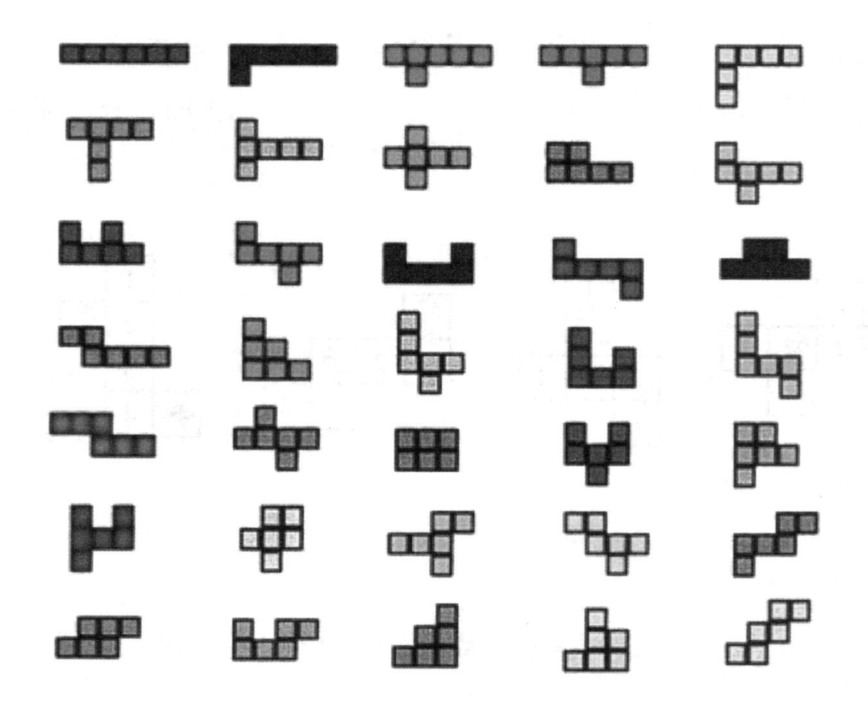

执笔人：杨 颖

我是一个小画家

对于画画，小朋友们都不陌生了，今天我们进行一次别出心裁的创作。

【游戏说明】

这个是在学习完分数约分以后可以玩的一款小游戏，在游戏的过程让小朋友掌握约分的相关要领，通过算一算，图一图的过程让小朋友掌握相关的知识点，让小朋友感受到学习的趣味性。

【游戏内容】

游戏规则：

1. 把与 3/4 相等的分数所在的部分涂上颜色。
2. 用时短且正确者获胜。

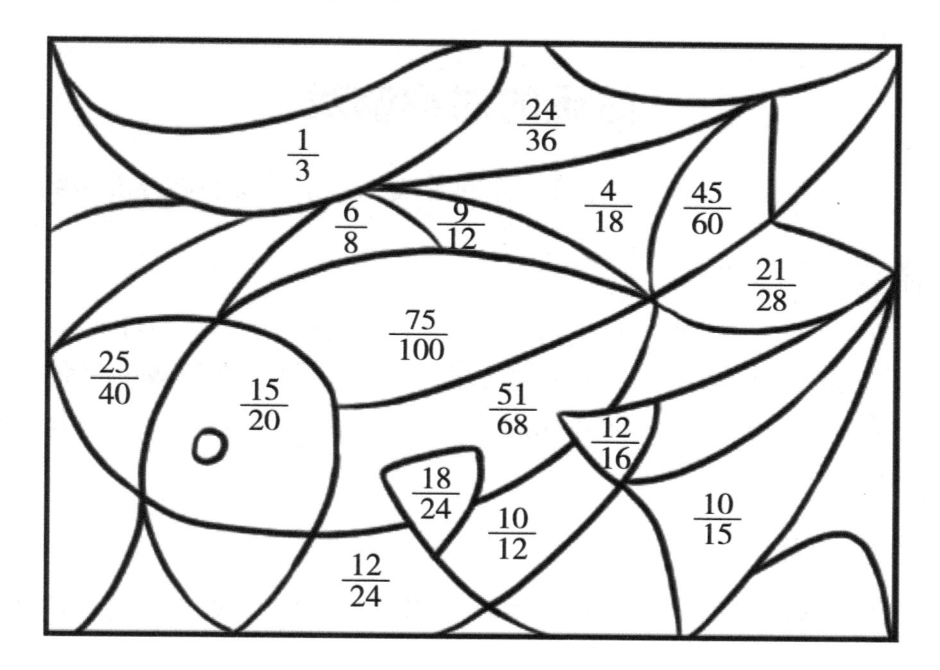

【知识链接】

在历史上，分数几乎与自然数一样古老。早在人类文化发明的初期，由于进行测量和均分的需要，引入并使用了分数。在许多民族的古代文献中都有关于分数的记载和各种不同的分数制度。早在公元前 2100 多年，古代巴比伦人（现处伊拉克一带）就是用了分母是 60 的分数。公元前 1850 年左右的埃及算学文献中，也开始使用分数。我国春秋时代（公元前 770 年～前 476 年）的《左传》中，规定了诸侯的都城大小：最大不可超过周文王国都的三分之一，中等的不可超过五分之一，小的不可超过九分之一。秦始皇时代的历法规定：一年的天数为三百六十五又四分之一。这说明：分数在我国很早就出现了，并且用于社会生产和生活。

【趣味拓展】

请你把下面的分数用直线上的点表示出来。

9/12　5/20 7/14　16/16　6/24　18/38。

执笔人：杨 颖

好玩的对称游戏

今天我们来玩一个有关对称的游戏，请小朋友们做好准备哟。

【游戏说明】

在学习过程中我们只进行了一个图形对称的练习，这个游戏是通过两个方向进行练习，在原有基础上增加了难度，在游戏的过程中充分调动自己的积极性，提高我们的观察力、分析能力，让小朋友感受数学的魅力。

【游戏内容】

图中大部分的黑色方块还未标示出来，但已知黑色方块的分布对称于图中所画的两条虚线。

游戏要求：1. 请按要求画出其他黑色方块；

2. 用时短且正确者获胜。

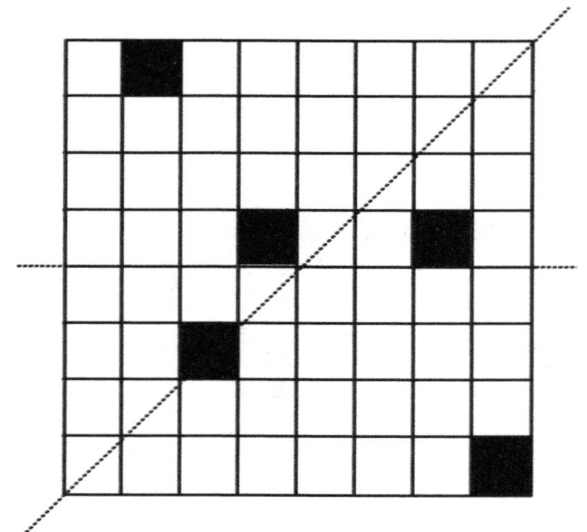

【知识链接】

在图形的运动中包含两种情况：一是图形的整体运动，如图形的平移、旋转、翻折；二是图形中的某些元素运动，如动点在图形中沿线运动，直线或线段相对于某图形运动等。

【趣味拓展】

请你根据图形的对称性用我们学过的平面图形制作一幅美术作品。

执笔人：杨颖

小小魔术师

孩子们，你们都看过变魔术吧？是不是觉得很神奇？那今天咱们就玩个小小魔术师的游戏，让你来做一次神奇的魔术师，好不好？好，看谁能成为今天最佳魔术师，快来挑战吧！

【游戏说明】

通过这个游戏，巩固对数量间的移多补少，掌握对数量关系的调控能力，激发对数学学习的兴趣，培养独立思考、灵活生动、遵守游戏规则及力争上游等品质。感受逐步逼近的数学思想，发展初步的推理能力和数感，在参与活动中培养倾听能力和竞争力。

【游戏内容】

活动 1

小朋友们，请你在桌子上放三堆火柴：甲堆 7 根，乙堆 6 根，丙堆 11 根。现在，请你按一条规则去移动火柴：从这一堆拿几根火柴到那一堆去，拿过的火柴数目，必须与那一堆原有的火柴数目相等。

只许挪动三次，必须使三堆火柴的数目相等。你能做到吗？

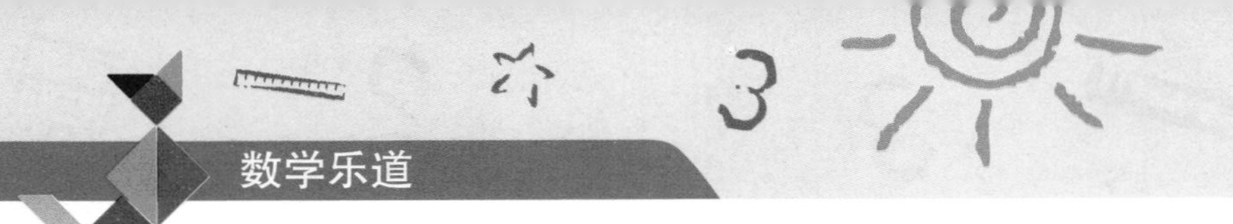

策略指导：小朋友们我们可以这样思考。

	甲	乙	丙	丁
原 来	17	7	6	2
一次后	10	14	6	2
二次后	10	8	12	2
三次后	8	8	12	4
四次后	8	8	8	8

	甲	乙	丙	丁
原 来	17	7	6	2
一次后	15	7	6	4
二次后	8	14	6	4
三次后	8	8	12	4
四次后	8	8	8	8

活动 2

六个方格中放着 5 只棋子，现在要将兵和卒的位置对调一下。不准把棋子拿起来，只能把棋子推到相邻的空格。推动 17 次以后，就能达到目的。你能办到吗？（车马炮不要求回原位。）

兵是红棋卒是黑棋，相互间隔排成一行：兵 卒 兵 卒 兵 卒 兵 卒 兵 卒

请你按照下面的方法移动棋子：每次移动一只“卒”，必须跳过两只棋子然后放到另一只红棋的“兵” 上。每只“卒” 只许移动一次，要求每只“兵” 上都叠放一只“卒”。

小朋友们，快和你的小伙伴来试试吧？看谁能成为游戏的赢家。

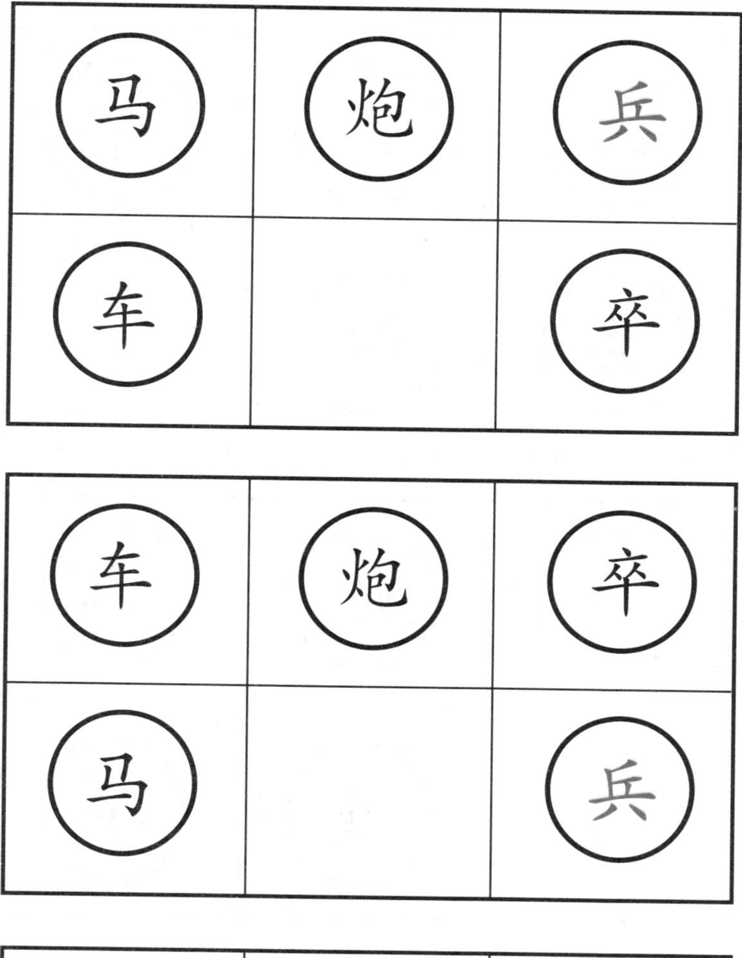
马
炮
兵
车
卒
车
炮
卒
马
兵

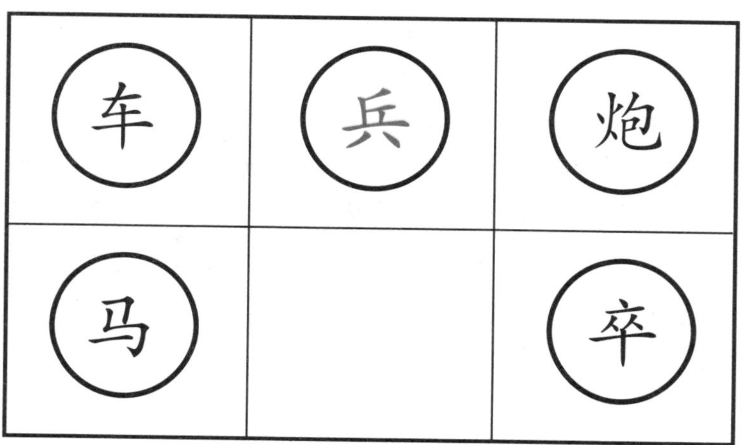
车
兵
炮
马
卒

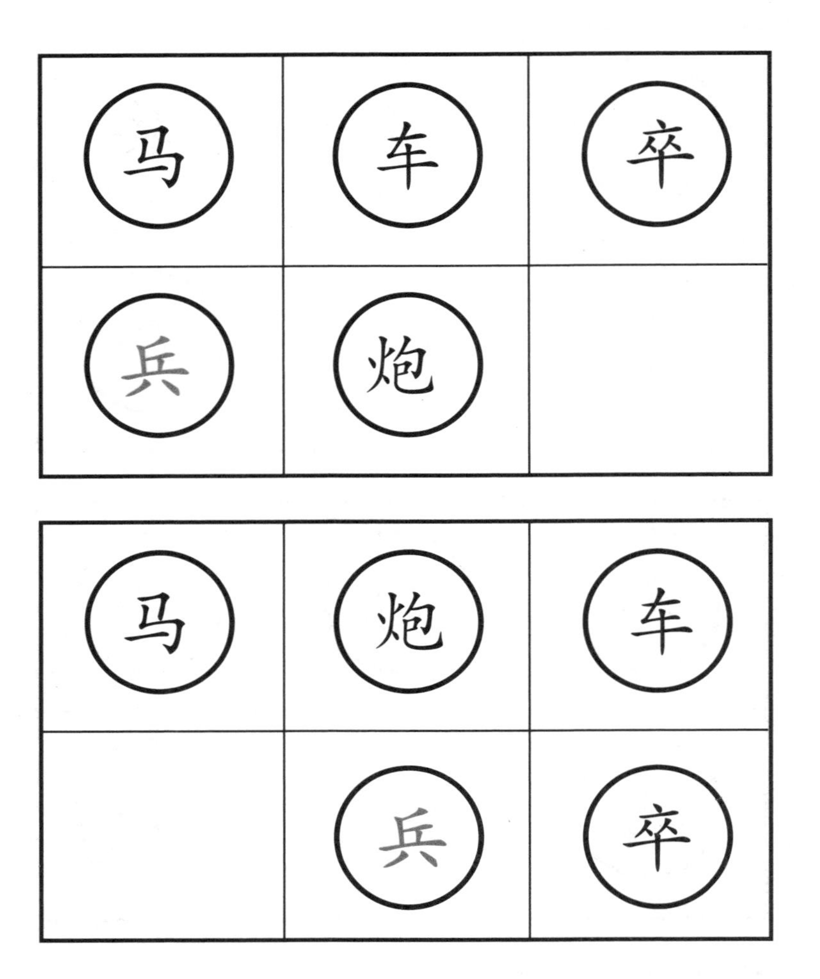

【知识链接】

此游戏与我们教材中的数学广角的内容相对应，通过几个游戏活动渗透统筹优化思想，通过简单的优化问题渗透简单的优化思想。在活动过程中，小朋友要学会独立思考、动手操作，还要学会和小伙伴合作探究，要对自己的思考进行展示交流。

【趣味拓展】

1. 六个盘子中各放有一块糖，每次从任选的两个盘子中各取一块放入另一个盘子中，这样至少用多少次，才能把所有的糖集中到一个盘子中。

2. 托儿所里，四个男孩和四个女孩站一排，上课时四个男孩挨着就互相打闹，阿姨决定重新安排位置，让每两个相邻的孩子手拉手一起走到空位置。调动四次后四个男孩之间都是女孩。阿姨是怎样调动孩子的，你能想出来吗？

执笔人：王森